패션 아트 드레이핑

FASHION ART DRAPING

패션 아트 드레이핑

박선경 · 권순교 지음

교문사

유연성과 다양성에 대한 사고가 현대사회를 보다 다채롭고 풍요롭게 창조해낸 것처럼 개별적인 가치에 주목한 유연성의 힘은 다양성을 이끄는 모태가 된다. 드레이핑은 유연성이 창조해낸 차이성과 개별성에 주목한 패턴 설계 기법이다. 드레이핑은 독창적인 아이디어에서 나오는 다양한 디자인이 인체의 아름다운 특징과 조합되면서 파생되는 모든 문제를 '유연성의 힘'을 통해 해결하는 방법으로 이렇게 할 수 있는 것은 드레이핑이 지닌 '대상에 대한 개별적 시각' 때문이다.

이미 국내에 유통되는 입체패턴에 관한 유수한 저작물은 이러한 다양성이 주는 가치 창출에 일조함으로써 그 의미를 공고히 하고 있다. 다만 '유연성을 통한 다양성의 극대화'라는 점에 나름의 한계가 있으며, 단계별 과정 수록이 미비하여 초심자들이 해당 내용을 이해하는 데 애로가 있다는 것이 아쉬운 점이다.

이 책은 이러한 현실적인 문제를 해결하는 데 중점을 두어 내용을 구성하였다. 1차적으로는 개별적인 아이템에 대한 기본적인 내용을 설명하고, 더불어 아이템별 기본형에 관한 패턴 실습과정을 전개시키고, 평면화하는 과정을 통해 완성된 패턴의 특징을 이해시키고자 하였다. 세부적인 내용은 크게 '기초'와 '응용'으로 나누었다. 기초 부분에는 스커트와 보디스, 슬리브 및 팬츠에 대한 기본 원형을 수록하였다. 응용 부분에는 다트 머니퓰레이션부터 요크와 미드리프, 프린세스 라인, 칼라 디자인, 스커트 디자인 및 카울 디자인에 대한 내용을 정리하였다. 그러나 이 책 역시 드레이핑의 과정 중 가장 기본이 되는 부분만을 정리한 책이기에, 앞으로 더욱 창의적인 작업에 필요한 응용 디자인을 다룬 책을 서둘러 발간해야겠다는 생각이다.

특히 패션 드로잉을 제시하여 본 서의 이해도 향상에 큰 역할을 해주신 원주영 선생님에 대한 감사의 마음을 이 자리를 빌려 표하고 싶다.

끝으로 《패션 아트 드레이핑》이 새롭고 창의적인 디자인을 창조하고자 하는 사람들에게 도움이 되기를 희망하며, 부족한 부분은 계속 보완해나갈 것을 약속드린다.

2017년 2월
저자

CONTENTS
차례

5   머리말

●

PART 1
드레이핑을 위한 준비

CHAPTER 1 제작 도구
12   1. 제도 용구
12   2. 재단 용구
14   3. 드레스폼의 기본 명칭
15   4. 드레스폼 테이핑

CHAPTER 2 모슬린의 이해
20   1. 섬유 요소의 이해
22   2. 모슬린 준비

CHAPTER 3 용어의 이해
28   1. 용어 해설
32   2. 노칭 이론

●

PART 2
기본 원형

CHAPTER 4 스커트 원형
38   1. 모슬린 준비
40   2. 드레이핑 단계

CHAPTER 5 보디스 원형
48   1. 모슬린 준비
50   2. 앞판 드레이핑 단계
51   3. 마킹 및 완성선 정리
53   4. 드레이핑 단계

CHAPTER 6 슬리브 원형
60   1. 슬리브 원형을 위한 준비
61   2. 슬리브 원형 제도
64   3. 오그림 분량 점검
65   4. 암홀 균형 잡기
66   5. 상의 원형에 소매 달기

CHAPTER 7 팬츠 원형
70   1. 팬츠 원형을 위한 준비
71   2. 모슬린 준비
73   3. 드레이핑 단계
74   4. 마킹 및 완성선 정리

●

PART 3
기본 원형의 변형 디자인

CHAPTER 8 다트 머니퓰레이션
80   1. 허리다트
82   2. 앞중심 다트
83   3. 프렌치 다트
84   4. 버스트 개더링
85   5. 숄더 개더링

CHAPTER 9 요크와 미드리프
88   1. 보디스 요크
90   2. 미드리프

CHAPTER 10 프린세스 라인
96   1. 기본 프린세스 라인
102   2. 토르소 프린세스 라인

CHAPTER 11 칼라 디자인
112   1. 만다린 칼라
114   2. 컨버터블 칼라
117   3. 피터팬 칼라
120   4. 숄칼라
126   5. 노치드 칼라

CHAPTER 12 스커트 디자인
136   1. 플레어스커트
140   2. 페그 스커트
146   3. 6쪽 고어드스커트
154   4. 던들 스커트

CHAPTER 13 카울 디자인
160   1. 네크라인 카울
164   2. 언더 암 카울

168   참고문헌

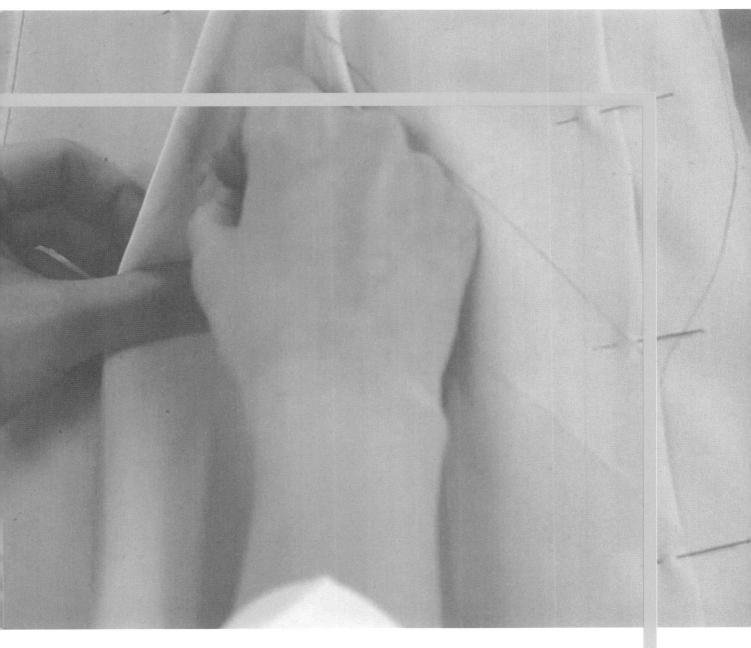

PREPARATION FOR DRAPING

—

PART 1 드레이핑을 위한 준비

디자인 창작에 관한 새로운 아이디어와 실험은 드레이핑을 통해 무한하게 극대화·구체화될 수 있다. 20세기 초, 마들렌 비오네(Madeleine Vionnet)는 인체의 1/2 크기로 축소된 목조 인체 모형을 만들어 바이어스 기법을 이용한 드레이핑만으로 의상을 만들었다. 앨릭스 그레(Alix Gres) 또한 창조적인 드레이핑 기술로 인체의 실루엣이 잘 드러나는 비대칭 저지드레스를 만들어 당시로써는 획기적인 업적을 이루었다.

드레이핑은 소재를 직접 드레스폼 위에 올려 작업을 통해 패턴화하는 과정을 통해 의상을 제작하는 방법이다. 따라서 완성 전에 실루엣과 디자인 라인을 확인할 수 있다는 장점이 있으며, 이는 평면패턴 기법과 입체패턴 기법의 구조적인 차이점이자 특징이라고 할 수 있다.

EQUIPMENT NEEDED

CHAPTER 1
제작 도구

1. 제도 용구

곡자(hip curve ruler)
스커트나 슬랙스의 곡선 부분을 그릴 때 사용된다.

직각자(L square)
직각선을 긋는 데 사용하는 자로 각이 바르고 정확해야 한다. 이 자는 모서리 끝부분부터 읽는다.

모눈자(plastic ruler)
길이 50~60cm의 투명한 플라스틱자로 모눈이 0.5cm 간격이다. 일정한 넓이로 그려야 하는 간격표시나 시접선을 표시할 때 주로 사용된다.

암홀자(french curve ruler)
나선형의 곡선 모양의 자로 칼라의 곡선, 목둘레선, 밑위 솔기, 암홀의 모양과 기타 가장자리 곡선을 그릴 때 사용된다.

룰렛(tracing wheel, roulette)
제도한 선을 다른 종이에 그대로 옮겨 그릴 때 사용된다. 옷감 뒷면에 먹지를 놓고 패턴을 복사하면 실표뜨기를 대신할 수 있다.

패턴 드레프팅지(pattern drafting paper)
격자무늬의 수직, 수평선이 규칙적으로 그려져 있는 종이로 패턴 제도 시 사용된다.

연필(pencils)
HB, 2B의 연필 또는 샤프는 제도할 때 사용되며 수정할 때는 빨간색, 파란색 등의 펜이나 색연필이 사용된다.

2. 재단 용구

가위와 재단가위(scissors and shears)
재단 전용으로 쓰는 재단가위와 종이를 자를 때 쓰는 종이가위는 구별해서 사용해야 한다. 가위의 크기는 24~28cm 정도가 적당하고, 가윗날은 맞물림 상태가 좋아야 한다.

너처(notcher)
구멍을 뚫는 도구로 슬로퍼와 종이 패턴의 완성선을 표시하는 데 쓰인다.

다리미(iron)
다리미는 외관 형성에 중요한 역할을 한다. 적당한 크기와 무게를 가진 것이 좋다.

다리미판(ironing board)
평평하고 안정감을 제공하는 판으로, 약간의 쿠션감이 있고 표면이 부드러운 것이 적당하다.

모슬린(muslin)
식서와 푸서의 결이 잘 보이는 원단으로 의상 디자인을 위한 실제 원단의 성질과 질감 표현을 대신할 수 있는 종류로 선택한다. 거즈처럼 부드러운 모슬린은 합성 실크, 리넨, 부드러운 면 등을 대신할 수 있다. 중간 무게의 모슬린은 울이나 면을 대신하여 사용할 수 있다. 거칠고 두

꺼운 모슬린은 무거운 울 소재나 두꺼운 면을 대신하여 사용할 수 있고, 캔버스모슬린은 데님이나 퍼 같은 소재를 대신할 수 있다. 니트 소재의 경우에는 실제 제작될 원단과 같은 신축성을 가진 니트 소재를 선택한다.

양장용 초크(tailor's chalk)
룰렛 등을 사용할 수 없는 옷감의 완성선을 표시하는 데 사용된다. 선을 가늘고 뚜렷하게 긋기 위해 끝을 뾰족하게 다듬으며 사용한다.

줄자(tape measurer)
드레스폼이나 인체 치수 측정에 주로 사용된다. 양면에 인치와 센티미터가 모두 표기된 것이 사용하기에 편리하다.

송곳(awl)
끝이 뾰족한 금속도구이다. 주로 모슬린에 날카로운 구멍으로 마킹할 때 사용된다.

스타일테이프(style tape)
드레스폼이나 모슬린에 디자인 라인을 표시하는 데 사용된다. 접착력이 있는 종이테이프를 주로 사용하며 드레스폼 위에 디자인 라인을 손쉽게 설정함으로써 디자이너의 창의적인 아이디어를 구체화하는 데 중요한 역할을 한다. 두께가 다양한데 보통은 0.2~0.3cm 정도의 너무 얇지도 두껍지도 않은 것을 사용한다.

실크핀(silk pin)
날카롭고 가느다란 양장용 실크핀으로 드레이핑하는 동안 모슬린을 보디에 고정시켜 필수적으로 사용한다.

핀쿠션 또는 핀디스펜서(pin coushion or pin dispenser)
핀의 사용을 손쉽게 만드는 도구로, 모양과 크기가 다양하기 때문에 본인에게 편리한 것으로 선택하도록 한다.

3. 드레스폼의 기본 명칭

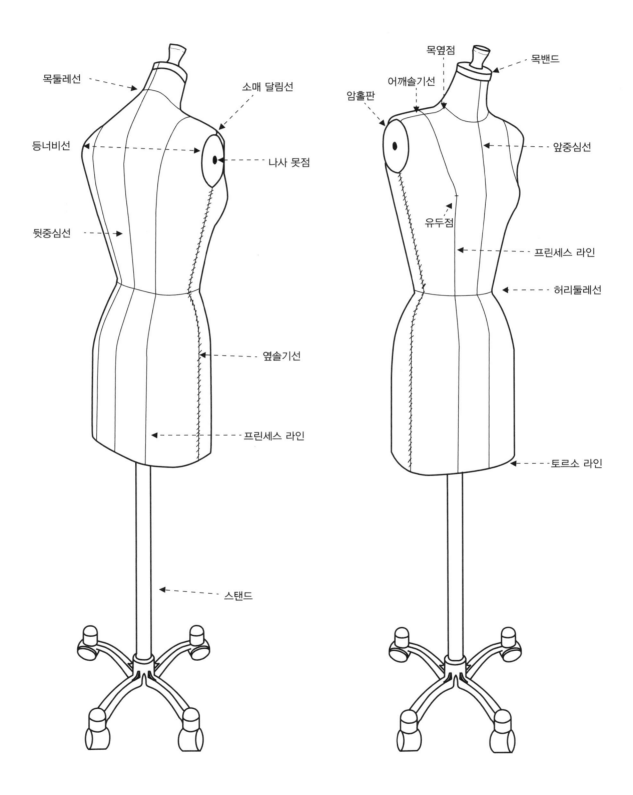

목둘레선

소매 달림선

등너비선

나사 못점

뒷중심선

옆솔기선

프린세스 라인

스탠드

목옆점

어깨솔기선

목밴드

암홀판

앞중심선

유두점

프린세스 라인

허리둘레선

토르소 라인

드레스폼의 기본 명칭

4. 드레스폼 테이핑

드레스폼(dress form, 인체 모형) 테이핑은 드레이핑에 선행되는 과정으로, 인체의 부위별 기준점을 기준으로 하여 드레스폼에 기초선을 테이핑하는 것이다.

가슴둘레선
유두점(bust point)를 지나는 수평둘레이다. 유두점을 찾아 표시하고 그 두 점을 지나 수평으로 테이프를 붙인다.

허리둘레선
드레스폼 토르소 부분에서 가장 가는 둘레이다. 허리둘레에 고무줄을 묶어 그 선을 따라 수평으로 테이프를 붙인다.

엉덩이둘레선
앞중심선과 허리둘레선 교차점에서 수직으로 17.5cm 내려온 지점을 표시하고 그 점을 기준으로 수평으로 테이프를 붙인다.

뒤품선
① 뒤중심선과 목둘레선 교차점에서 허리둘레선 교차점까지의 길이(뒷길이)를 측정한다.

② 이 길이의 1/4에 해당하는 지점을 표시한다.

③ 이 점을 중심으로 수평이 되도록 암홀 소매 달림선까지 좌우로 테이프를 붙인다.

앞(뒤)중심선
목앞(뒤)점에서 토르소 끝점까지 수직 길이이다. 목앞(뒤)점을 테이프로 고정하고 테이프 끝에 추를 달아 정확한 수직선을 찾은 후, 그 선을 따라가며 핀으로 고정한다. 이때 고정된 앞(뒤)중심선을 기준으로 하여 드레스폼 양쪽이 대칭이 되는지를 반드시 확인한다.

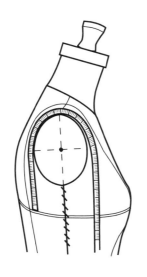

어깨솔기선

목옆점에서 어깨가쪽점까지의 길이로, 뒤가슴둘레선에서 어깨선을 지나 다시 앞가슴둘레선으로 이어지는 암홀라인을 줄자로 잰 후 이등분한 지점에서 앞판 쪽으로 1cm 옮긴 위치가 어깨가쪽점이 된다. 어깨가쪽점에서 목옆점까지 연결하여 테이프를 붙인다. 이때 드레스폼을 정면에 놓고 볼 때 드레스폼 어깨선과 평행하도록 어깨솔기선을 붙인다.

목둘레선

목앞점, 목옆점, 목뒤점을 지나는 둘레를 따라 테이프를 붙인다.

옆솔기선

① 가슴둘레선상에서 앞중심에서 뒤중심까지 전체 둘레를 이등분한 후 뒤중심 쪽으로 1cm 옮긴 위치를 표시한다.

② 허리둘레선상에서 앞중심에서 뒤중심까지 전체 둘레를 이등분한 후 뒤중심 쪽으로 0.5cm 옮긴 위치를 표시한다.

③ 엉덩이둘레선상에서 앞중심에서 뒤중심까지 전체 길이를 이등분한 후 뒤중심쪽으로 0.5cm 옮긴 위치를 표시한다.

④ 세 점을 자연스럽게 연결하여 테이프를 붙인다. 이때 뒤중심쪽으로 옮기는 수치가 체형(드레스폼)에 따라 달라질 수 있으므로 드레스폼 나사못을 기준으로 앞·뒤판의 균형을 확인하며 조정한다.

MEMO

UNDERSTANDING OF THE MUSLIN

CHAPTER 2
모슬린의 이해

1. 섬유 요소의 이해

드레이핑 단계에 들어가기 전에 직물, 편물, 포섬유의 구조와 특징을 이해해야 한다. 이러한 과정은 드레이핑을 통해 보다 정확한 디자인과 패턴을 완성하는 데 필수적이다. 여기서는 섬유를 종류별로 나누어서 간단하게 설명하고자 한다.

1) 직물

직물(woven)은 위사(씨실)와 경사(날실)가 교차하여 방직된 평면체의 섬유를 일컫는 말이다. 직물은 실이 조직되는 방법에 따라 크게 평직, 능직, 수자직으로 나누어진다.

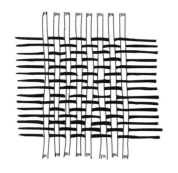

평직
씨실과 날실을 한 올씩 엇바꾸어 짜는 방법으로 견고하고 실용적인 직물의 기본조직이다.

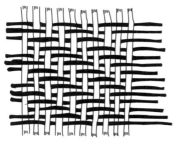

능직
씨실과 날실을 두 올이나 그 이상의 올을 건너뛰어서 짜는 방법으로, 이렇게 하면 무늬가 사선 방향으로 드러나게 된다. 평직보다 적은 교차 횟수로 실의 밀도를 늘려 직물을 두껍게 만들 수 있다.

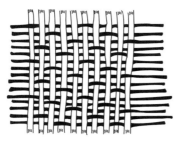

수자직
씨실을 위로 한 올, 아래로 여러 올 보내서 짜는 방법으로 무늬 없이 표면에 광택이 나게 된다. 양단, 공단에 주로 사용된다.

2) 편물

니트(knit) 섬유는 서로 엮인 실에 의해 형성된다. 대부분의 니트는 플랫 저지 니트, 펄 니트, 씨실 니트로 잘 알려진 립 니트이다. 이들 니트는 세로 방향보다 가로 방향으로 더 잘 늘어난다. 이 중에서도 씨실니트는 단일 니트보다 더 튼튼하고 무거우며 덜 늘어나고 탄력이 좋다.

트리코트(수편물)와 라셀 니트는 잘 알려진 랩 니트로, 이것은 씨실 니트보다 유연성이 적고 질긴 경향이 있다. 짜인 섬유의 중요한 특징은 늘림을 통해 그것의 배열을 바꿀 수 있다는 점이다. 늘림의 양과 방향(한 방향 또는 두 방향)은 짜는 과정에 따라 다양하다. 새로운 늘림 실, 직접 손으로 짜서 만든 섬유, 그리고 이중짜임 구조는 안락함, 모양, 크기를 그대로 유지하는 니트 섬유를 개발하고 생산하는 핵심 요소가 된다. 늘임 섬유는 직조된 실, 스판덱스 섬유실, 또는 화학처리 솜 또는 울 섬유를 생산하는 것과 같은 방법으로 개발된다.

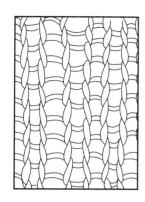

싱글 니트

1줄로 바늘이 배열된 상태(single needle)로 짜는 편조직으로 얇은 편직물을 만드는 데 사용된다.

더블 니트

이중 짜집기는 섬유의 양쪽에 같은 모양새를 만들어주는 바늘 2세트로 만들어진다. 탄력성이 좋은 장점이 있다.

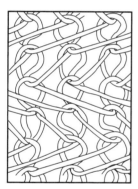

트리코트 니트

세로 방향으로 형성된 메리야스 편물의 일종으로 투습성과 통기성이 좋고 부드러우나 가로 메리야스 편물보다 신축성이 떨어진다.

3) 펠트

펠트(Felt, 부직포)는 양모나 그 밖의 동물섬유를 축융하여 시트 모양으로 만든 천으로 압축 펠트(프레스 펠트)와 제직 펠트로 나누어진다.

압축 펠트

양모·노일·모반모 등의 섬유를 원료로 하고 그 축융성을 이용하여 수증기·열·압력 등의 작용에 의해 섬유가 서로 엉기도록 하고, 축융시켜서 천과 같이 만든 것이다. 합성섬유나 다른 섬유를 혼방하여 만들기도 하는데 인장강도와 마찰강도가 아주 약하다. 주로 보온재, 방음재, 패킹 등 탄력성을 이용해야 하는 것에 쓰인다.

제직 펠트

방모직물로 제직한 것을 축융기에 넣어 강하게 축융한 것으로 외관은 압축 펠트와 비슷하다. 인장이나 마찰에 강하므로 제지기계, 방적기계 등의 부분품이나 당구대의 빌리어드 클로스(billiard cloth) 또는 경구 테니스공의 표면 등에 주로 사용된다.

2. 모슬린 준비

드레이핑을 위해 가장 기본적으로 사용되는 직물 섬유인 모슬린을 준비한다. 모슬린의 식서, 푸서, 바이어스 방향을 이해하고 이를 표시할 수 있도록 한다.

1) 식서와 푸서

식서(세로 방향의 결)는 끝단과 평행하게 놓이는 세로 방향으로 날실이라고도 한다. 양쪽 끝단은 가공 시 강한 힘을 견디기 위해 두껍게 마감 처리되어 있다. 푸서는 가로 방향으로 씨실이라고도 한다. 일반적으로 푸서는 드레이핑할 때 바닥과 수평으로 놓는다.

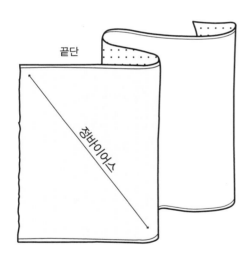

2) 정바이어스

정바이어스를 쉽게 찾기 위해서는 모슬린을 정확히 45° 각도로 접어 식서와 푸서가 만나게 하면 된다. 바이어스는 식서나 푸서보다 유연성이 좋아서 더욱 잘 늘어난다. 따라서 다트를 사용하지 않고도 유연한 실루엣으로 드레이핑해야 할 때 많이 사용된다.

3) 결 방향에 따른 모슬린의 차이

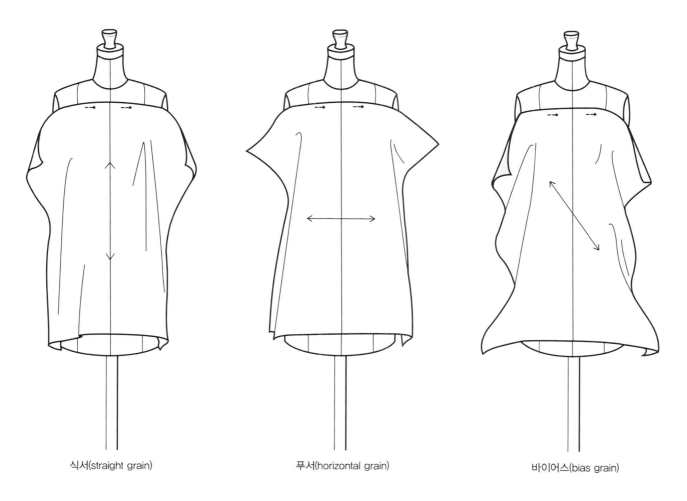

식서(straight grain)   푸서(horizontal grain)   바이어스(bias grain)

식서
식서는 원단의 늘어짐이 가장 적은 부분으로, 일반적으로 모슬린의 방향을 식서로 놓고 드레이핑한다. 그림과 같이 모슬린의 식서 방향을 세로로 놓고 드레스폼에 고정시키면, 모슬린이 아래로 부드러우면서도 자연스럽게 떨어진다.

푸서
그림과 같이 모슬린의 식서 방향을 가로로 놓고 드레스폼에 고정시키면 모슬린이 아래로 뻣뻣하고 힘 있게 떨어진다.

바이어스
그림과 같이 모슬린의 식서 방향을 대각선으로 놓고 드레스폼에 고정시키면 모슬린이 아래로 아주 부드럽고 유연하게 떨어진다.

4) 모슬린 고르기

드레이핑을 시작하기 전에 먼저 모슬린의 식서와 푸서가 90°로 직각이 되는지를 점검한다. 모슬린 고르기(블로킹, blocking) 작업은 식서와 푸서의 올결을 90°로 맞추는 일로, 원하는 분량의 모슬린 식서와 푸서가 직각을 이루지 않는다면 모슬린 천 고르기를 하여 다시 직각이 되도록 맞춰야 한다. 이러한 작업의 준비를 위해서는 필요 분량의 모슬린에 가윗밥을 주고 찢어내고, 모슬린의 두꺼운 끝단을 약 3~4cm 찢어 없앤 후 천 고르기를 시작한다. 이 과정은 아래 그림과 같이 모슬린을 바이어스 방향으로 양쪽 끝을 잡고 당기면서 식서와 푸서가 90°가 될 때까지 반복한다. 천 고르기가 끝난 모슬린은 식서와 푸서 방향으로 다림질한 후 드레이핑을 시작한다.

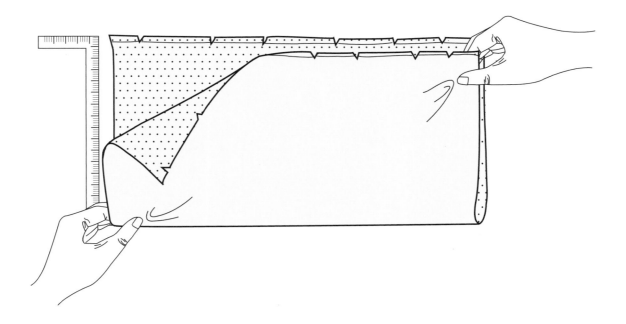

MEMO

UNDERSTANDING OF TERMINOLOGY

CHAPTER 3
용어의 이해

1. 용어 해설

가윗밥(slash)
모슬린의 가장자리에서부터 몸판 안쪽으로 넣는 절개선으로 가윗밥을 적당히 넣으면, 드레이핑할 때 모슬린이 인체 곡선에 잘 맞도록 편안하게 놓인다.

개더(gather)
개더링을 위해 스티치된 부분의 실을 잡아당겨 모슬린에 풍성한 볼륨감을 준다.

곬선(cut in one)
패턴의 반을 대칭으로 접어 하나로 자를 때 천이 접히는 부분을 뜻한다. 곬로 뜨는 곳은 보통 뒤중심 부분이나 블라우스 앞부분, 또는 소매 부분을 예로 들 수 있다.

그레인(grain)
섬유 요소의 이해를 참고한다.

다트(dart)
평면의 원단을 입체인 드레스폼 위에 놓고 드레이핑할 때 원하는 실루엣을 얻기 위해 남는 원단을 잡아 한쪽으로 접어 없애는 분량을 말한다. 원단이 인체의 곡선에 맞게 피트되도록 도와준다.

다트 시작점(dart legs)
다트를 표시하는 곳 양쪽에 있는 스티치 라인이다.

뒤중심(center back)
인체의 실제 뒤중심을 말하는 것으로 패턴에 정확하게 표시해야 한다.

마스터 패턴(master pattern)
템플릿(template)으로 사용하기 위한 기본 패턴이다.

모슬린 끝단(muslin selvage)
모슬린의 올이 풀리지 않도록 마감 처리된 식서 방향의 양 끝단이다.

모슬린 여유분(muslin fabric excess)
옷의 스타일 라인을 살리고 활동분을 추가하기 위해 특정한 부분에 적당한 여유분을 주는 것이다.

모슬린 패턴(muslin pattern)
모슬린을 가지고 스타일링이나 피팅을 돕기 위해 제작한 기본 샘플이다.

밑위 솔기(crotch seam)
팬츠의 두 다리의 윗부분이 만나는 부분에 생기는 곡선의 솔기선이다.

바이어스(bias)
모슬린 결 방향의 사선을 가로지르는 선으로 신축성이 좋다. 정바이어스는 45° 각도의 선상에 위치한다.

밸런스(balance)

식서와 푸서가 정확하게 정리되지 않으면 의복을 입었을 때 옷이 틀어지거나 당겨진다. 따라서 완성 전 의복의 전반적인 밸런스, 즉 균형을 맞추는 것이 중요하다.

- 밑위 솔기 밸런스(pants crotch seam balance): 밑위가 당겨지거나 처지는 것을 방지하기 위해 뒤가랑이 치수는 앞가랑이보다 약 5cm가 더 길어져야 한다. 또 팬츠의 폭은 뒤판 발목의 바짓단 부분이 앞판보다 최소한 2.5cm 더 길어야 한다. 그렇지 않으면 팬츠의 다리 부분이 당겨져서 불편해진다.
- 수직 라인(veltical line): 인체의 앞중심과 뒤중심은 언제나 바닥에 수직이 되어야 하므로, 의복의 식서는 수직 라인에 수평이 되어야 한다. 그렇지 않으면 의복이 뒤틀리거나 당겨진다.
- 수평 라인(horizontal line): 인체의 가슴둘레, 허리둘레, 엉덩이둘레, 어깨 뒤품선 등은 바닥과 수평이 되어야 한다. 그렇지 않으면 의복이 뒤틀리거나 당겨진다.
- 암홀 밸런스(armhole balance): 셋인 슬리브(set-in-sleeve)는 팔의 곡선 형태에 따라 약간 앞쪽에 달아야 한다. 이 균형을 맞추기 위해 뒤암홀은 앞암홀보다 약 1.3cm 더 크게 측정되어야 하고, 말굽 모양이 되어야 한다.
- 옆솔기 밸런스(side seam balance): 옆솔기는 앞·뒤판이 같은 모양이 되어야 하고 옆선에 정확하게 위치해야 한다.
- 허리둘레선 밸런스(waistline balance): 앞허리 치수는 뒤허리보다 약 1.3cm 더 커야 한다. 이렇게 차이를 두는 것은 옆솔기와 옆솔기 사이를 정확하게 달기 위해서이다.

볼록선(convex curve)

바깥으로 곡선을 이루는 가리비 모양의 솔기로 피터팬 칼라, 숄칼라 등에 사용된다.

블랜딩(blending)

드레이핑으로 생성된 표시점이나 십자표시 등을 연결시킬 때, 표시나 점의 불일치를 부드럽게 하는 것을 말한다.

블로킹(bloking)

모슬린의 결을 잡아당기고 재조정하여 모슬린의 모양을 사각형으로 반듯하게 잡는 기술이다.

셔링(shirring)

원하는 부분의 스티치 라인에 따라 모슬린에 여유 분량을 추가해 볼륨을 넣을 수 있는데, 셔링이란 개더링이 여러 개 있는 것으로 생각할 수 있다.

소멸점(vanishing point)

다트의 2개 선이 하나의 점으로 만나는 부분이다.

솔기(seam)

완성된 2장의 패널이 박음질된 부분이다.

솔기시접(seam allowance)

완성된 패널을 박음질하기 위해 남기는 시접 분량으로, 시접의 넓이는 어느 부분에 사용되느냐에 따라 달라진다.

- 목둘레선, 암홀, 그리고 다른 곡선들은 시접을 0.6~1.3cm 남긴다.

- 어깨솔기, 스타일 라인, 옆솔기 등은 시접을 1.3~2.5cm 남긴다.
- 지퍼솔기는 지퍼를 달기 위해 2cm나 그 이상의 시접이 필요하다.

스타일 라인(style line)

스타일 라인은 어깨솔기, 암홀솔기, 또는 옆솔기 외의 솔기선으로 디자인에 따라 다양하게 변한다. 보통 옷의 한 지점에서 다른 지점으로 이어지는데, 예를 들어 요크는 옆솔기에서 옆솔기로, 어깨 프린세스 솔기는 어깨솔기에서 허리솔기로 이어진다.

슬로퍼(sloper)

- 상의 원형과 스커트 원형 슬로퍼: 드레이핑을 통해 최종 완성된 패턴을 옮겨 슬로퍼로 사용한다. 이 슬로퍼는 다른 기본 패턴들을 발전시킬 때도 쓴다. 다트와 턱, 스타일 라인, 개더 또한 이 슬로퍼를 통해 전개하여 만들어질 수 있다.
- 시프트/토르소 상의 원형 슬로퍼: 시프트/토르소 슬로퍼는 허리 길이에 어깨나 옆가슴다트, 그리고 허리에 반달형 다트가 들어간 기초 패턴으로 몸에 맞는 실루엣이 필요한 블라우스나 드레스를 만들 때 쓰인다. 절개선이 없는 피트된 허리의 드레스나 옆선이 있는 피트된 플레어스커트의 패턴을 만드는 데도 쓰인다.
- 소매 슬로퍼: 기본 소매 슬로퍼는 시간 절약을 위해 패턴 드레프팅 방법을 사용하여 만들어진다.

십자표시(crossmarks)

드레이핑한 후 패널에 완성점을 표시할 때 선과 선이 교차되는 부분은 십자표시를 한다.

안내선(guide lines on muslin)

식서나 푸서, 앞중심, 뒤중심, 등너비선, 앞가슴둘레선, 엉덩이둘레선, 옆솔기 등을 표시할 때 쓰이는 선이다. 드레이핑을 위해 준비된 모슬린 위에 미리 그린다.

앞중심(center front)

인체의 실제 앞중심을 패턴에 정확하게 표시한다.

여유분(ease)

자연스러운 형태감과 편안한 움직임을 위해 패널의 부분마다 필요한 여유 분량이다.

옆솔기(side seam)

앞판과 뒤판의 양 옆끝의 솔기선이다.

오목선(concave curve)

오목한 모양의 곡선 솔기로 암홀과 목둘레선 등에 사용된다.

완성선(stitch line)

원단에서 바느질되어야 할 디자인의 완성선이다.

유두점(apex)

드레스폼이나 인체의 가슴 부위에서 가장 높은 지점이다. 드레이핑에서 유두점은 보디스의 앞판 모슬린에서 푸서 위치를 지정하는 기준점이 된다.

전사 과정(transferring)
드레이핑을 통해 모슬린에 표시된 완성선을 패턴지로 옮기는 과정이다.

전환점(break point)
지속적인 연결선상의 완성선 중에 갑자기 변환되는 선을 지정하는 점으로, 예를 들어 방향이 달라지는 뒤집힘이 있는 곳이나 또는 플레어되는 곳을 지정하는 점들이다. 라펠, 숄칼라, 노치드 칼라 등에도 쓰인다.

정리 과정(trimming)
모든 요소의 표시들을 완성선으로 정리하고 난 후, 필요 없는 부분을 잘라낼 때 시접 분량을 정리하는 것이다.

주름(crease)
모슬린의 디자인 라인이나 결 방향에 따라 원단을 접고 누른 것이다.

클립(clip)
시접 분량 내에서 필요할 때 거의 완성선까지 가윗밥을 넣는 것으로, 목둘레선이나 네모솔기의 코너, 칼라, 완만하지 않고 각진 디자인선 등에 준다.

패널(panel)
특정한 디자인의 드레이핑을 하기 위해 미리 준비된 모슬린이다. 완성된 패턴의 넓이와 길이보다 10~25cm 정도 더 크게 준비한다.

표시 과정(trueing)
드레이핑 과정을 통해 만들어진 주요 요소를 드레스폼상에 표시하는 것이다. 연속적인 솔기들에 대한 표시, 스타일 라인, 다트, 다트 변형 등을 표시한다.

피벗(pivot)
다트나 디테일 등을 원하는 위치로 옮기고자 할 때, 옮기려는 부분의 중심이 되는 위치를 고정시킨 채 이동시키는 다트 이동 기법이다.

2. 노칭 이론

모슬린 패널이 알맞게 노칭(notching)되어 있다면 빠르고 쉽고 정확하게 재봉할 수 있다. 따라서 패턴 위에 노치를 줄 위치와 왜 주는지에 관한 이해가 중요하다. 드레이핑을 배우는 학생들은 드레이핑을 할 때나 완성된 패턴에 노치를 표시할 때, 어느 위치에 해야 할지 정하는 것을 어려워한다. 여기서는 초보자에게 도움이 될 만한 노치의 위치에 대한 기본적인 규칙과 가이드라인을 제시하여 살펴보도록 한다. 드레이핑에서 노치는 가능한 한 적게 사용하는 것이 경제적이다. 노치를 적게 하기 위해 여유분에는 노치를 하지 않는다.

노칭을 해야 하는 부분

- 앞중심 위치: 보디스, 스커트, 블라우스, 바지 등의 모든 앞중심 위치에는 노치가 표시되어야 한다.
- 뒤중심 위치: 보디스, 스커트, 블라우스, 바지 등과 칼라의 모든 뒤중심 위치에는 노치가 표시되어야 한다.
- 어깨점: 칼라, 소매와 요크의 모든 어깨점에는 노치가 표시되어야 한다.
- 옆솔기 위치: 허리둘레선의 모든 옆솔기에는 노치가 표시되어야 한다.
- 모든 접힘선: 옷단 주름, 다트와 깃의 접힘선은 보통 접는 위치의 노치표시가 중요하다.
- 앞·뒤판 구분: 앞판은 노치표시 1개, 뒤판은 노치표시 2개로 앞·뒤판을 구별할 수 있도록 한다.
- 스타일 라인의 노칭: 디자인에 따라 필요한 노치에 대한 이해를 한 후, 정밀하고 정확하게 모든 스타일 라인의 노치를 적용해야 한다.

※ 맞물릴 솔기선의 노치는 서로 맞게 지정되어야 한다.
※ 모든 스타일 라인에는 반드시 노치가 표시되어야 한다.

MEMO

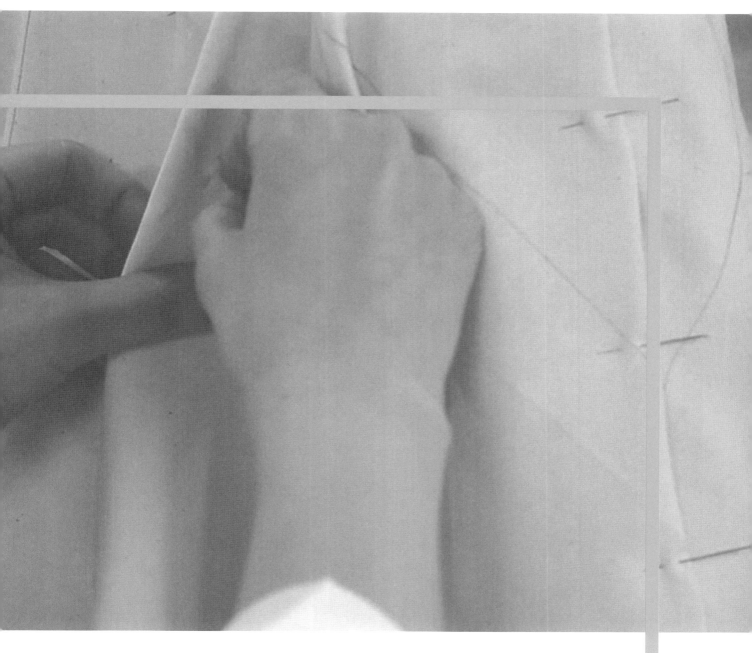

BASIC
PATTERNS
—
PART 2 기본 원형

초보자를 위해 스커트 원형, 보디스 원형, 슬리브 원형 및 팬츠 원형의 기본 원형을 통해 드레이핑의 기본적인 테크닉을 익히도록 한다. 이러한 과정을 통해 기본 테크닉을 익히면 더욱 창의적인 디자인의 드레이핑 테크닉을 다양하게 표현할 수 있게 된다.

BASIC SKIRT

CHAPTER 4
스커트 원형

스커트 원형은 몸에 꼭 맞는 스트레이트 스커트를 기본으로 한다. 허리 부위와 엉덩이 부위에는 최소한의 여유분만 더하여 타이트하게 맞게 하고 다트를 2개를 잡는다. 허리둘레선의 기본 다트는 개더, 턱, 플리츠, 요크로 변환하여 다양한 디자인으로 변형할 수 있다.

1. 모슬린 준비

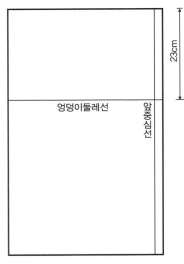

앞판

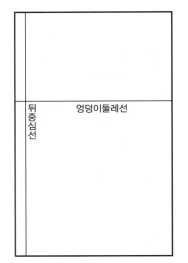

뒤판

① 모슬린의 길이는 원하는 스커트 길이에 약 10cm의 여유분을 더해 주고, 폭은 앞·뒤 엉덩이둘레에 각각 약 10cm의 여유분을 더해서 준비한다.

② 앞서 정한 모슬린 필요 분량에 가윗밥을 주고 찢어내어 앞·뒤판을 준비한다. 틀어진 올을 바로잡기 위해 모서리 4개가 모두 직각이 되도록 손으로 잡아당겨 블로킹해서 올실의 방향을 바로잡은 후 다리미판에 반듯하게 다림질한다. 다림질을 할 때는 스팀을 많이 사용하지 않으며, 식서·푸서 방향으로 다려서 원단의 형태가 늘어나지 않도록 한다.

※ 올실의 방향을 바로잡는 블로킹 과정은 모슬린을 준비할 때마다 동일하므로 이후로는 설명을 생략한다.

③ 앞중심선을 위해 모슬린의 오른쪽 가장자리에서 2.5cm 안쪽으로 들어온 지점에 식서 방향으로 올실을 뽑아 그 선을 따라 앞중심선을 그린다.

※ 올실을 뽑고 선을 따라 중심선을 그리는 과정은 모슬린을 준비할 때마다 동일하므로 이후로는 설명을 생략한다.

④ 뒤중심선도 앞중심선과 같은 방법으로 그린다.

⑤ 앞판 앞중심선상에서 위가장자리에서 아래로 23cm 내려온 지점에 엉덩이둘레선을 위해 푸서 방향으로 올실을 뽑고, 그 선을 따라 그린다. 이때 선을 앞·뒤 중심선에 직각이 되도록 그린다.

※ 뽑아낸 올실 자국을 따라 푸서선(엉덩이둘레선)을 그리는 것은 모슬린 준비 과정에 동일하게 적용되므로 이후로는 설명을 생략한다.

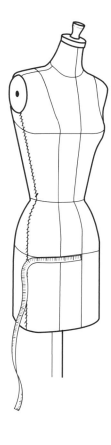

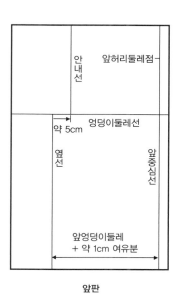

앞판

⑥ 드레스폼의 엉덩이둘레선상에서 그림과 같이 앞중심선에서 옆선까지의 길이를 줄자로 재고 그 길이에 약 1cm의 여유분을 더하여 모슬린의 엉덩이둘레선상에 표시한다. 표시한 엉덩이둘레선에서 아래 가장자리를 향해 앞중심선과 평행되게 옆선을 그린다.

⑦ 엉덩이둘레선상의 옆선 표시점에서 안으로 약 5cm 들어간 점에서 위 가장자리를 향해 앞중심선과 평행하게 안내선을 그린다.

※ 엉덩이둘레의 여유분 1cm는 스커트의 실루엣에 따라 분량이 조정될 수 있다.

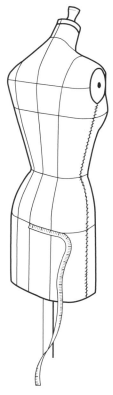

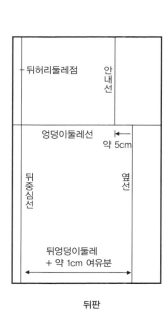

뒤판

⑧ 드레스폼의 엉덩이둘레선상에 그림과 같이 뒤중심선에서 옆선까지의 길이를 줄자로 재고 그 길이에 약 1cm의 여유분을 더하여 모슬린의 엉덩이둘레선상에 표시한다. 표시한 엉덩이둘레선에서 아래 가장자리를 향해 뒤중심선과 평행되게 옆선을 그린다.

⑨ 엉덩이둘레선상의 옆선 표시점에서 안으로 약 5cm 들어간 점에서 위 가장자리를 향해 뒤중심선과 평행하게 안내선을 그린다.

2. 드레이핑 단계

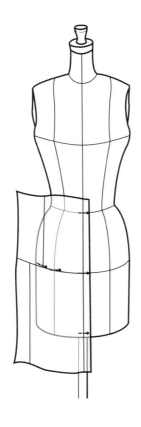

[앞판]

1) 드레이핑

① 드레스폼 앞중심에 모슬린 앞중심선과 엉덩이둘레선을 맞추어놓고 앞중심선과 엉덩이둘레선 교차점, 허리둘레선 교차점, 토르소 라인 교차점에 핀을 꽂아 고정한다.

② 엉덩이둘레선상에 약 1cm의 여유분을 핀으로 잡아놓고 모슬린을 편안하게 감싸 옆선 교차점에 핀을 꽂아 고정한다.

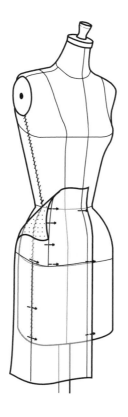

③ 엉덩이둘레선과 옆선 교차점에서 토르소 라인을 향해 옆선을 따라 핀을 꽂는다.

④ 안내선이 정면으로 보이도록 하고 허리둘레선을 향해 수직으로 위치하게 하여 안내선에 핀을 꽂아 고정한다. 허리둘레선상에 약 0.6cm의 여유분을 핀으로 잡아주면 남은 분량은 다트가 된다.

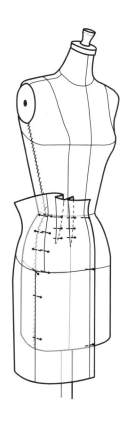

⑤ 허리둘레선상에 남은 분량을 2개의 허리다트로 처리한다. 반은 프린세스 라인에서 첫 번째 다트로 처리하고, 나머지 반은 첫 번째 다트에서 약 3cm 떨어진 지점, 또는 첫 번째 다트와 옆선 교차점까지 길이의 1/2 지점에 두 번째 다트의 위치를 정하여 모슬린 부분만 핀으로 집어준다.

2) 마킹

① 드레스폼의 앞허리둘레선과 옆선을 따라 모슬린에 점표시를 한다.

② 허리둘레선과 앞중심선 교차점, 허리둘레선과 옆선 교차점, 허리둘레선과 다트 교차점에 십자표시를 한다.

③ 두 다트의 끝점을 십자표시한다.

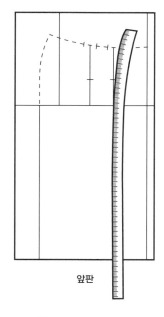

앞판

3) 완성선 정리

① 다트를 집어놓은 모슬린상의 핀은 그대로 두고 드레스폼에서 모슬린을 떼어 테이블에 올려놓는다.

② 다트의 십자표시를 확인하고 정리하여 떼어내고 평면으로 테이블 위에 올린다.

③ 다트 완성선을 그리기 위해 두 다트 분량의 각 중심점에서 엉덩이둘레선에 직각이 되는 수직선을 그린다. 이때 표시한 다트 끝점이 이 수직선상에 있지 않다면, 다트를 수직선상으로 이동시켜 다트 길이만큼 다시 표시한다.

④ 다트의 길이는 약 9cm 정도로 하여 그림과 같이 곡선자를 이용해서 다트 완성선을 그린다.

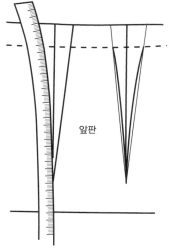

앞판

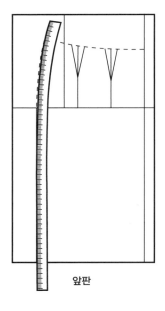

⑤ 엉덩이 부위 옆선의 완성선을 그리기 위해 허리둘레선과 옆솔기선의 교차점에서 엉덩이둘레선과 옆솔기선 교차점까지 곡자를 이용하여 그린다. 이때 표시점을 최대한 살릴 수 있는 곡선을 그려준다.

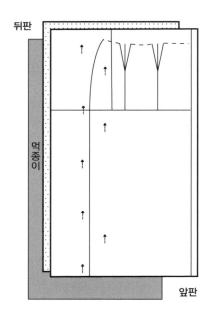

⑥ 앞·뒤판 모슬린의 안쪽 면을 마주대고 옆솔기선, 엉덩이둘레선과 안내선을 맞추어 펼쳐놓은 상태로 선을 따라 함께 핀을 꽂는다.

⑦ 앞판이 위로 올라오도록 하고 먹종이 위에 올려놓고 곡자를 이용하여 엉덩이 옆솔기선을 뒤판에 복사한다.

⑧ 시접분을 2.5cm 남기고 옆솔기선을 앞·뒤판과 함께 정리한다.

⑨ 모슬린을 분리한 후, 앞판 다트를 핀으로 고정하여 시접 분량이 중심선 쪽으로 가게 놓고 핀 끝이 중심선을 향하도록 적은 분량을 집되, 4~5cm 간격으로 일정하게 꽂는다.

⑩ 스커트 앞판의 옆솔기선과 스커트 뒤판의 옆솔기선의 시접 분량이 앞중심선 쪽으로 가도록 하고 옆솔기선을 합핀한다.

⑪ 앞판의 두 다트의 완성선을 맞물려 핀을 꽂고, 앞뒤 스커트를 앞중심선과 드레스폼의 솔기선과 맞추면서 드레스폼에 다시 올린다.

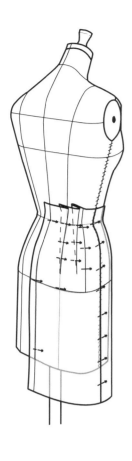

[뒤판]

1) 드레이핑

① 합핀한 모슬린을 드레스폼에 올려 앞판을 핀으로 고정하고 핏을 확인한다.

② 뒤판 엉덩이둘레선상에 약 1cm의 여유분을 핀으로 집어놓고 모슬린을 편안하게 감싸 뒤중심선 교차점에 핀을 꽂아 고정한다.

※ 드레이핑이 정확하다면 모슬린의 옆선이 드레스폼의 옆선과 일치하게 된다.

③ 드레스폼의 뒤중심에 모슬린 뒤중심선과 엉덩이둘레선을 맞추어놓고, 뒤중심선과 엉덩이둘레선 교차점에 핀을 꽂고, 토르소 라인 교차점을 향해 핀을 꽂아 고정한다.

④ 뒤중심 엉덩이둘레선 교차점에서 허리둘레선을 향해 핀을 꽂아 허리둘레선 교차점을 찾는다.

⑤ 안내선이 정면으로 보이도록 하고 허리둘레선을 향해 수직으로 위치하도록 하여 안내선은 핀을 꽂아 고정한다. 허리둘레선상에 약 0.6cm의 여유분을 핀으로 잡아주면 남은 분량은 다트가 된다. 뒤허리 부분의 여유분은 앞허리 부분 여유분의 약 3배가 되도록 잡는다.

⑥ 전체 남은 분량을 반으로 나누어 프린세스 라인과 허리선 교차점에 첫 번째 다트의 위치로 정하고 나머지 반은 첫 번째 다트에서 약 3cm 떨어진 지점 또는 첫 번째 다트와 옆선 교차점까지 길이의 1/2 지점에 두 번째 다트의 위치를 정하여 모슬린 부분만 핀으로 집어준다.

⑦ 다트 끝부분의 위치를 실루엣에서 여유분과 참고하여 정하고, 모슬린을 핀으로 집어서 표시한다.

2) 마킹

① 드레스폼의 뒤허리둘레선을 모슬린에 점표시를 한다.

② 허리둘레선과 뒤중심선 교차점, 허리둘레선과 다트 교차점에 십자표시를 한다.

③ 두 다트의 끝점을 십자표시를 한다.

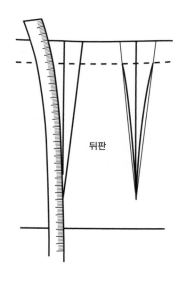

3) 완성선 정리

① 드레스폼에서 모슬린을 떼어내 테이블에 올려놓는다. 완성선의 정리를 위해 뒤판 부위는 편편하게 한 후 완성선을 그린다.

② 다트 완성선을 그리기 위해서는 두 다트 분량의 각 중심점에서 엉덩이둘레선에 직각이 되는 수직선을 그린다. 이때 표시한 다트의 끝점이 이 수직선상에 있지 않으면 다트를 이동시켜 다트 길이만큼 다시 표시한다.

③ 다트의 길이는 약 14cm 정도로 하여 그림과 같이 곡선자를 이용해서 다트 완성선을 그린다.

※ 다트의 완성선을 그릴 때 곡자를 사용할 수 있다.

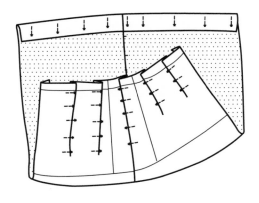

④ 뒤판 허리다트를 접어 핀으로 고정한다. 이때 다트의 분량이 중심선 쪽으로 가게 하고, 핀의 방향도 이에 맞춘다. 핀의 간격은 필요에 따라 다르지만 보통 4~5cm 간격으로 꽂는다.

⑤ 다트를 접은 상태에서 표시점을 연결하여 자연스러운 허리둘레선을 그려줄 때 편편하게 놓기 위해 엉덩이둘레선 주위를 수평으로 그림과 같이 접어놓고 곡자를 이용한다. 이때 앞뒤 중심선과 허리둘레선의 교차점은 직각이 되어야 한다.

⑥ 밑단은 푸서 방향으로 평행하게 엉덩이둘레선에서 원하는 길이를 일정하게 정하여 표시한다. 이때 중심선에 대한 직각선으로 밑단선을 그린다.

⑦ 시접은 허리둘레선 1.3cm, 옆선 2.5cm, 밑단선 4cm를 남기고 잘라낸다.

⑧ 스커트의 밑단선의 시접을 접어 올려 안쪽에서 핀 끝이 바닥으로 가도록 하고 수직으로 핀을 꽂는다.

※ 완성된 스커트의 모든 핀은 솔기와 직각 또는 사선으로 하고 규칙적으로 꽂아준다.

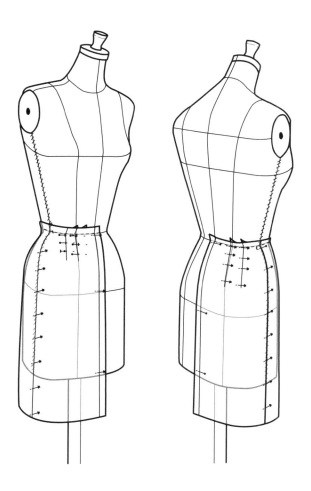

점검 사항

- 앞·뒤판의 식서는 식서선을 따라 직선이 되었는가?
- 앞·뒤판의 푸서는 스커트 밑단까지 정확히 수평이 되었는가?
- 엉덩이 부분의 여유분은 균등하게 배분되었는가?
- 모든 완성선은 매끄럽고 정확한가?
- 다트는 소멸점까지 핀으로 고정했는가?
- 완성된 모슬린의 옆선은 드레스폼의 옆선과 일치하는가?
- 다트가 앞·뒤판의 체형에 따라 자연스럽게 위치해 있는가?

BASIC BODICE

CHAPTER 5
보디스 원형

보디스 원형은 상체에 최소한의 여유분을 남기고, 몸에 맞도록 제작하는 상의의 기본형이다. 이 원형은 모든 상의의 기본이 되며 다양한 디자인으로 변형될 수 있다. 여기서는 어깨다트와 허리다트를 이용한 보디스 원형을 드레이핑한다.

1. 모슬린 준비

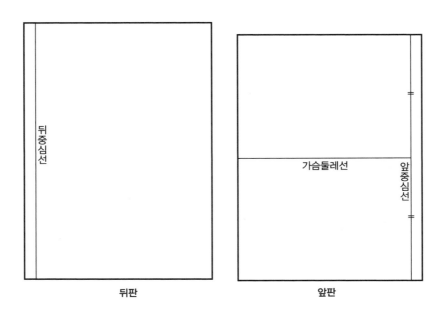

① 앞판 모슬린의 길이는 드레스폼의 목밴드에서 시작해 앞중심 허리선까지의 길이에 약 10cm의 여유분을 더해주고, 폭은 앞가슴둘레선에 약 10cm의 여유분을 더해서 앞판을 준비한다.

② 뒤판은 드레스폼의 목밴드에서 뒤중심 허리선까지의 길이에 약 10cm의 여유분을 더하고, 폭은 뒤가슴둘레선에서 옆선까지의 길이에 약 10cm의 여유분을 더해서 뒤판을 준비한다.

③ 앞중심선을 위해 모슬린의 오른쪽 가장자리에서 2.5cm 안쪽으로 들어온 지점에 앞중심선을 그린다.

④ 뒤중심선은 왼쪽 가장자리에서 2.5cm 안쪽으로 들어온 지점에 앞중심선과 같은 방법으로 그린다.

⑤ 앞판 모슬린 길이의 1/2 지점에 수평으로 접어 앞중심선에 직각이 되는 가슴둘레선을 그린다.

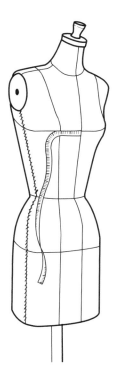

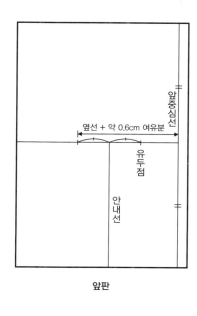

옆선 + 약 0.6cm 여유분

유두점

앞중심선

안내선

앞판

⑥ 드레스폼의 가슴둘레선상에서 앞중심에서 옆
   솔기까지의 수평 길이를 측정하고 약 0.6cm의
   여유분을 더하여 모슬린에 표시한다. 드레스폼
   의 유두점에서 앞중심까지의 수평 길이를 측
   정하여 모슬린에 유두점을 표시하고, 표시한
   유두점에서 옆솔기점까지 길이의 1/2 지점에서
   직각으로 허리둘레선을 향해 수직 안내선을
   그린다.

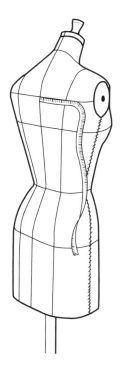

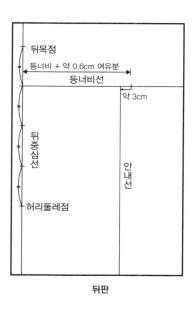

뒤목점

등너비 + 약 0.6cm 여유분

등너비선

약 3cm

뒤중심선

안내선

허리둘레점

뒤판

⑦ 준비된 뒤판 모슬린의 뒤중심선상에서 위가장
   자리에서 약 7cm 내려 뒤목점을 표시하고, 드
   레스폼의 뒤목점에서 허리둘레선까지의 길이
   를 재어, 모슬린상의 드레스폼 측정 길이와 같
   은 지점에 허리둘레점을 표시한다.

⑧ 뒤목점에서 허리둘레점까지의 길이를 4등분하
   여 1/4 지점에서 뒤중심선에 대한 직각으로 등
   너비선을 그린다.

⑨ 드레스폼의 등너비선을 따라 뒤중심에서 팔막
   음판까지의 길이에 약 0.6cm의 여유분을 더한
   길이를 모슬린에 표시한다. 이 표시점에서 약
   3cm 들어와 등너비선에 대한 직각으로 수직
   안내선을 그린다.

2. 앞판 드레이핑 단계

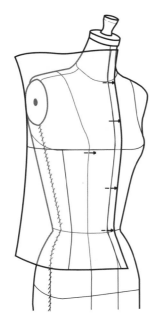

① 모슬린에 표시된 유두점과 드레스폼의 유두점을 맞추어 핀으로 고정한다.

② 유두점 위로 모슬린을 잘 펴 올리면서 앞중심선은 드레스폼의 중심선에 맞추어 앞목점에 핀을 꽂는다. 가슴둘레선상에서 드레스폼과 모슬린 사이에 검지와 중지 두 개가 들어갈 정도의 여유를 남기고 모슬린을 아래로 쓸어내려 허리둘레선 쪽으로 앞중심선상에 핀을 꽂는다.

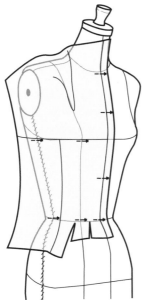

③ 가슴둘레선의 수평을 맞추어 옆솔기선 쪽으로 약 0.6cm의 여유분을 핀으로 집은 후, 옆솔기선과의 교차점에 핀으로 고정한다.

④ 모슬린의 가슴둘레선 아래쪽으로 안내선이 수직으로 내려오도록 하여 안내선을 따라 허리둘레선 교차점까지 핀으로 고정한다.

⑤ 허리둘레선에서 약 0.6cm의 여유분을 핀으로 집고 허리둘레선과 옆선 교차점을 핀으로 고정한다.

⑥ 가슴둘레선과 옆선의 교차점에서 허리둘레선과의 교차점까지 핀으로 고정하면서 옆선 부분을 정리한다.

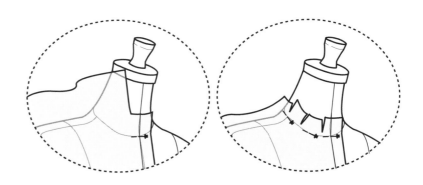

⑦ 앞목둘레선을 찾기 위해, 앞목점에서 약 2.5cm 올라간 지점에서 수평으로 2.5cm 가윗밥을 넣어 직각으로 잘라낸다.

⑧ 목둘레선에 1cm 간격으로 가윗밥을 주면서 모슬린이 목둘레선을 따라 편안하게 위치하도록 하고, 목둘레선을 따라 옆목점까지 핀으로 고정한다.

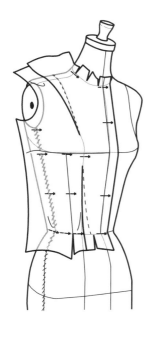

⑨ 옆선과 가슴둘레선 교차점에서 자연스럽게 모슬린을 쓸어올려 겨드랑이 밑점에 핀으로 고정한다. 이때 겨드랑이 밑점은 가슴둘레선에서 2~2.5cm 올라간 지점에서 결정되며 이 치수는 드레스폼의 사이즈에 따라 조정하여 결정될 수 있다.

⑩ 암홀 여유분을 남기고 자연스럽게 쓸어올려 암홀과 어깨솔기선 교차점을 핀으로 고정한다.

⑪ 이때 어깨선에 남는 분량이 어깨다트가 된다. 이 분량을 프린세스 라인으로 보내어 다트 끝이 유두점을 향하게 하고 다트량만 핀으로 집는다.

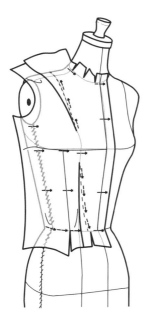

3. 마킹 및 완성선 정리

1) 마킹

① 목둘레선과 앞중심선 교차점에 십자표시하고 목둘레선을 따라 점표시를 한다.

② 목둘레선과 어깨선 교차점에 십자표시하고 어깨선을 따라 점표시를 한다. 어깨선과 어깨다트 교차점에 십자표시를 한다.

③ 어깨선과 암홀선 교차점에 십자표시하고 암홀선을 따라 약 5cm 점표시를 한다.

④ 겨드랑밑점과 옆선 교차점에 십자표시하고 옆선을 따라 점표시를 한다.

⑤ 옆선과 허리둘레선 교차점에 십자표시하고 허리둘레선을 따라 점표시를 한다. 허리둘레선과 허리다트 교차점에 십자표시를 한다. 또 앞중심선과 허리둘레선 교차점에 십자표시를 한다.

⑥ 두 다트의 끝점을 다듬어 정리하고 위치를 정하여 십자표시를 한다.

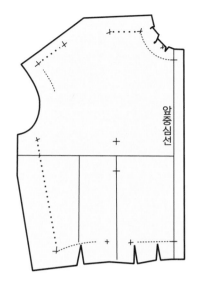

2) 완성선 정리

① 드레스폼에서 모슬린을 떼어내어 테이블에 올려놓는다.

② 다트 완성선을 그리기 위해 먼저 허리다트는 유두점에서 가슴둘레선과 직각이 되도록 다트 중심선을 그린다. 이때 표시한 다트 시작점이 이 중심선상에 있지 않으면 다트를 중심선에 맞추어 균등하게 배분되도록 표시한다. 그림과 같이 직선자를 이용해서 다트 완성선을 그린다.

③ 어깨다트는 유두점에서 목둘레선쪽의 어깨다트가 시작되는 교차점까지 직선으로 연결한다. 가슴다트의 끝점에서 암홀 쪽의 다트 시작 교차점을 향하여 직선으로 연결한다.

④ 목둘레선은 앞중심선, 목둘레선 교차점에서 약 0.6cm 정도 내려주고 그 점에서 수평으로 약 1cm 직각이 되도록 선으로 그린 후 자연스럽게 곡선을 그린다.

⑤ 암홀선은 마킹한 점을 따라 자연스럽게 곡선을 그리되, 옆선과 암홀 끝점을 연결시키도록 암홀자를 사용한다. 옆선은 양끝의 두 십자점을 직선으로 그린다.

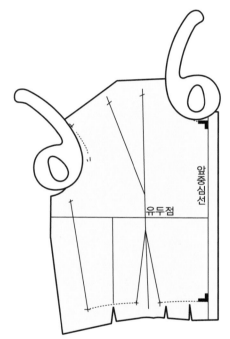

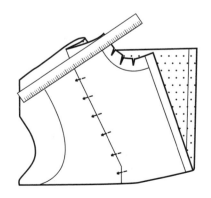

⑥ 어깨다트와 허리다트를 닫아 핀으로 고정하고 어깨선상의 암홀 교차점과 목둘레선 교차점의 두 십자점을 그림과 같이 직선자로 연결해서 그린다.

⑦ 시접 분량은 목둘레선 1.3cm, 어깨솔기선 2.5cm, 암홀선 2.5cm를 남기고 잘라내어 정리한다.

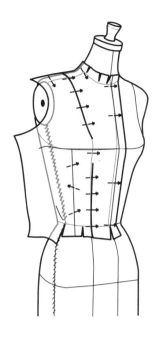

⑧ 정리된 모슬린을 드레스폼에 다시 올려 제 위치에 맞도록 하여 교차 지점에 핀을 꽂고 제대로 잘 맞는지 핏을 확인한다.

⑨ 이때 옆선에는 핀을 꽂지 않고 안내선 위에 핀을 꽂아 모슬린을 고정한다.

4. 드레이핑 단계

[뒤판]

1) 뒤판 드레이핑

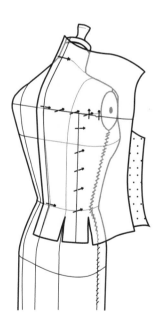

① 뒤판 모슬린은 드레스폼 위에 올려 드레스폼 뒤목점에 모슬린 뒤목점을 맞추어놓고, 허리둘레점까지 그림과 같이 핀을 꽂아 고정한다.

② 등너비선을 드레스폼에 수평으로 맞추어 핀을 꽂아 고정한다. 등너비선상에서 약 0.6cm의 여유분을 주고 모슬린만 핀으로 집어 고정하고 암홀선과의 교차점에 핀을 꽂아 고정한다.

③ 수직 안내선이 본인의 정면에 오도록 드레스폼을 돌리고, 안내선이 수직으로 내려오도록 하여 안내선을 따라 허리둘레선 교차점까지 핀으로 고정한다. 이때 모슬린 가장자리에 생기는 주름을 없애고 몸판을 편안하게 하기 위해 허리둘레선 0.5cm 전까지 허리둘레선을 따라 가윗밥 2~3개를 넣어준다.

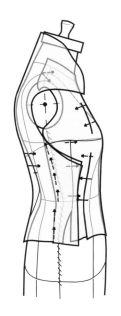

④ 허리둘레선상에서 약 0.6cm의 여유분을 핀으로 집어 남겨두고 옆솔기 부분에 남는 모슬린을 손으로 잡아주면서 앞뒤 패널부위를 같이 잡아 모슬린끼리만 맞잡고 핀으로 고정한다. 이때 앞판 모슬린의 옆선과 드레스폼의 옆선의 위치가 일치하는지를 확인한다.

※ 앞·뒤판 모슬린 가장자리의 식서 올실 방향이 나란히 선으로 연결되면 앞·뒤판 옆선의 기울기가 같은 각도로 유지되어 보다 정확한 옆선의 기울기를 만들어 앞·뒤 밸런스가 잘 맞는 원형 제작이 가능해진다.

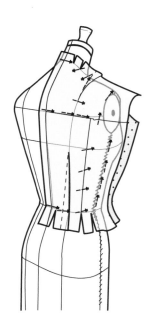

⑤ 뒤판의 허리둘레선에 남는 분량이 허리다트가 되는데, 이 분량을 프린세스 라인으로 보내서 다트량만 핀으로 고정한다. 다트의 끝점은 보통 가슴둘레선에서 약 2cm 정도 아래쪽에 위치하는데 이는 사람의 체형에 따라 달라질 수 있다.

⑥ 뒤목둘레선은 앞목둘레선과 같은 방법으로 드레이핑하고 목둘레선을 따라서 핀을 꽂아 고정한다.

⑦ 뒤암홀 부위를 어깨 끝점 방향으로 수평으로 다스려 올려서, 어깨 끝점과 암홀 교차점을 핀으로 고정한다.

⑧ 어깨선은 앞판의 어깨선 위쪽으로 고정한다. 이때 어깨선에 남는 약 1cm의 여유분은 프린세스 교차점에서 어깨다트로 만들어준다. 이때 다트 방향이 뒤중심선 쪽으로 가게 하여 핀으로 고정한다.

2) 마킹

① 목둘레선과 뒤중심선 교차점에 십자표시하고, 목둘레선을 따라 점표시를 한다.

② 목둘레선과 어깨선 교차점에 십자표시하고, 어깨선을 따라 점표시를 한다. 어깨선과 어깨다트 교차점에 십자표시를 한다.

③ 어깨선과 암홀선 교차점에 십자표시하고, 암홀선을 따라 점표시를 한다. 이때 등너비선 교차점까지만 표시한다.

④ 겨드랑밑점과 옆선 교차점에 십자표시하고, 옆선을 따라 점표시를 한다.

⑤ 옆선과 허리둘레선 교차점에 십자표시하고, 허리둘레선을 따라 점표시를 한다. 허리둘레선과 허리다트 교차점에 십자표시를 한다. 또 뒤중심선과 허리둘레선 교차점에 십자표시를 한다.

⑥ 두 다트의 끝점을 다듬어 정리하고 위치를 정해서 십자표시를 한다.

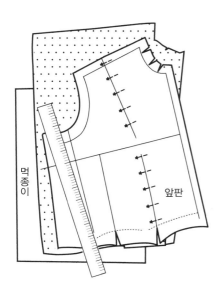

3) 완성선 정리

① 앞·뒤판이 옆선에서 합핀된 상태로 모슬린을 드레스폼에서 떼어 테이블에 올려놓는다.

② 앞·뒤판이 합핀된 상태에서 정확한 옆솔기선을 그리기 위해 바닥에 먹지를 깔고, 앞판의 옆선과 겨드랑이 밑점 교차점에서 약 1.3cm가량 바깥쪽으로 여유를 주고, 허리둘레선과 옆선 교차점을 향해 선을 그린다.

③ 새 옆솔기선에 시접을 2.5cm 주고 앞·뒤판을 같이 정리한다.

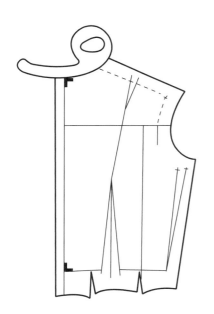

④ 앞판과 뒤판을 분리하고 허리다트 완성선을 그린 후, 허리다트 끝점과 목옆점에 가까운 어깨다트 교차점을 연결하여 선을 그린다. 이때 마킹한 어깨다트의 끝점이 이 선상에 위치하지 않으면 그림과 같이 어깨다트의 끝점이 이 선상에 오도록 위치를 옮겨 어깨다트선을 완성한다. 이때 어깨다트의 길이는 약 8cm 내외가 되도록 다트 끝점을 조정한다.

⑤ 목둘레선은 뒤중심에서 약 1cm가량은 직각이 되도록 하고 자연스럽게 연결하여 곡선으로 그린다.

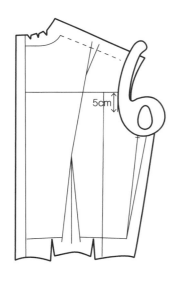

⑥ 암홀선은 마킹한 암홀선과 등너비선 교차점에서 수직선으로 약 5cm 내려 그리고, 수직으로 내린 5cm 지점과 겨드랑이 밑점 완성선 교차점과 암홀선에 등너비선 교차점을 곡자로 연결하여 암홀선의 밑부분을 그린다.

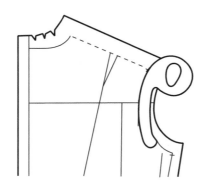

⑦ 다시 곡자를 그림과 같이 세워 어깨끝점, 등너비선 교차점, 5cm 내린 지점이 연결되도록 조정하여 곡선을 그린다.

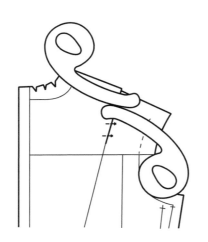

⑧ 어깨솔기다트를 접어 핀으로 꽂은 다음, 어깨솔기선을 암홀자를 이용하여 그림과 같이 다트를 기준으로 자연스럽게 나누어 그린다. 이 곡선은 암홀자를 활용하여 인체의 어깨곡선을 그대로 적용하는 것이다.

⑨ 어깨솔기 시접은 2.5cm 남기고 정리한다.

⑩ 앞·뒤판 옆선을 붙여 암홀선이 자연스러운지 확인하고 암홀 시접은 1.3cm 남기고 정리한다.

⑪ 앞판 옆솔기를 접어서 뒤판 옆솔기 위에 올려 놓고 합핀한다. 움직임에 필요한 여유 분량을 위해 옆솔기 아래 허리둘레점 교차점에서 약 0.6cm를 더해 그림과 같이 자연스러운 허리둘레선을 그린다. 이때 앞·뒤 중심선과 허리둘레선의 교차점에서 약 2~3cm의 직각을 이루도록 하여 프린세스 라인 근처까지는 표시점에 충실하되, 프린세스 라인 바깥쪽으로는 자연스러운 곡선으로 위 여유 분량을 더해 그려준다. 허리둘레선 시접을 1.3cm 남기고 정리한다.

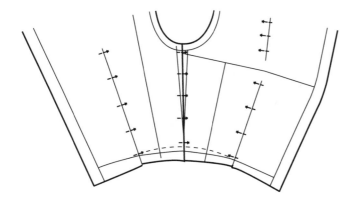

⑫ 어깨솔기선은 뒤판이 앞판보다 약간 여유가 있으므로, 뒤판을 앞판 솔기선 위로 올려놓고 핀으로 고정한다.

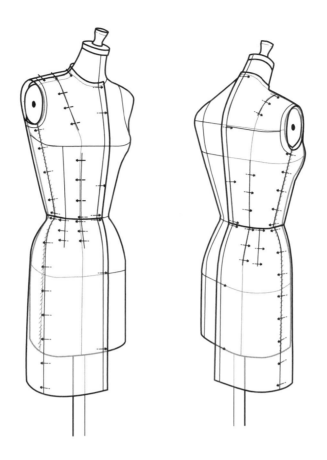

점검 사항

- 가슴둘레선의 여유분은 균등하게 배분되었는가?

- 다트는 소멸점까지 핀으로 고정했는가?

- 다트는 앞·뒤판의 체형에 따라 자연스럽게 위치했는가?

- 완성된 모슬린의 옆선은 드레스폼의 옆선과 일치되는 위치에 놓여 있는가?

- 모든 완성선이 매끄럽고 정확한가?

BASIC SLEEVE

CHAPTER 6
슬리브 원형

1. 슬리브 원형을 위한 준비

소매의 형태는 의상의 디자인에 따라 포멀(formal), 스포티(sporty), 드레시(dressy) 또는 드라마틱 (dramatic) 등의 다양한 콘셉트로 분류할 수 있다. 이렇게 다양한 스타일의 소매를 디자인하려면 먼저 기본 소매를 이해해야 한다.

여기서는 소매 원형을 정확히 이해하고 제작해보도록 한다. 또한 입는 사람이 팔을 앞이나 옆으로 자유롭게 움직일 수 있는 가동성을 확보한 편안한 패턴을 만들 수 있도록 소매산을 적절한 양으로 잡아 정확한 패턴을 구성하도록 한다.

슬리브 원형 필요 치수

단위: cm

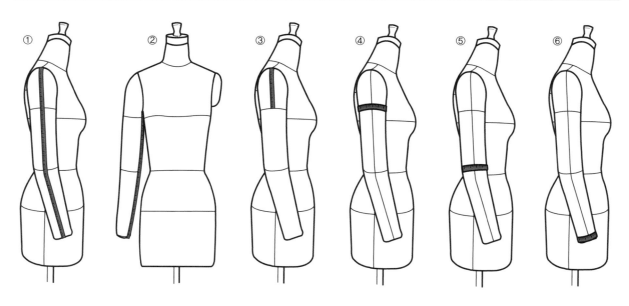

그림 ①~⑥ 슬리브 측정 항목별 부위

측정 항목	치수
① 팔 길이 (어깨가쪽점에서 노뼈 위점을 지나 손목안쪽점까지의 길이)	54.3
② 팔안쪽 길이 (겨드랑점에서 손목안쪽점까지의 길이) − 여유분 2.5 43.8 − 2.5 = 41.3	41.3
③ 소매산 높이 (어깨가쪽점에서 겨드랑점까지의 길이) + 여유분 2.5 54.3 − 41.3 = 13	13
④ 위팔둘레 길이 (팔을 올린 자세로 위팔 두갈래 근점의 가장 굵은 부위를 지나는 둘레) + 여유분 5 25.1 + 5 = 30.1	30.1
⑤ 팔꿈치둘레 길이 (팔을 앞으로 90° 굽힌 상태에서 팔꿈치 가운데점을 지나는 둘레) + 여유분 2.5 24.5 + 2.5 = 27	27
⑥ 손목둘레 길이 (손목가쪽점을 지나는 둘레) + 여유분 1 14.6 + 1 = 15.6	15.6

자료: Size Korea 2010년 제6차 직접측정 자료(20대 평균)

2. 슬리브 원형 제도

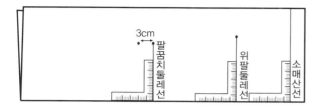

① 가로 60cm, 세로 80cm의 제도지를 자르고 세로(식서 방향으로 책정)로 반 접는다. 접은 부분이 아래로 오도록 놓고, 오른쪽 가장자리에서 약 5cm 떨어진 부분에 소매산선을 그린다. 이때 직각자를 이용하여 접은 선에 직각이 되도록 한다. 이 선이 소매산 위치가 된다.

② 소매산 위치에서 소매산 높이만큼 내려서 위팔둘레선을 직각으로 그린다. 이때 위팔둘레의 길이를 반으로 나눈 값만큼 그린 다음 점표시를 한다.

③ 위팔둘레선에서 손목둘레선까지의 길이를 반으로 나눈 길이에 약 1.3cm를 뺀 길이만큼 내려서 팔꿈치둘레선을 직각으로 그린다. 팔꿈치둘레의 길이를 반으로 나눈 값만큼 그리고 점표시를 한다. 이 점에서 약 3cm 내려 임시 팔꿈치 다트를 위한 분량에 점표시를 한다.

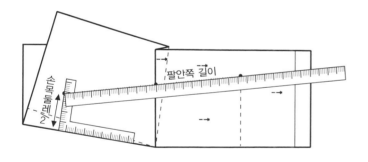

④ 그림과 같이 제도지의 점표시된 다트 분량을 접어서 가상의 팔꿈치다트를 만든다.

⑤ 그림과 같이 자를 2개 놓고 팔안쪽 길이와 손목둘레/2의 길이가 만나도록 맞추어 점표시한다.

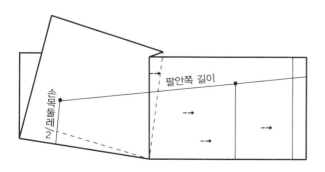

⑥ 위팔둘레점과 손목둘레점을 연결하여 팔안쪽 솔기선을 그린다. 이때 소매산 선에서 시작하여 위팔둘레점을 지나는 직선이 제도지의 접은 부분에서 직각으로 올라간 손목둘레/2 점을 만나도록 한다.

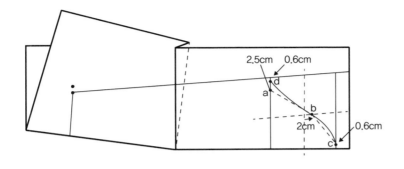

⑦ 그림의 점선 부분과 같이 소매산선 연장과 위팔둘레선 사이를 반으로 접고 다시 소매를 세로로 반을 접어 소매산 부분을 그리기 위한 자국을 남긴다.

⑧ 팔안쪽솔기선상의 위팔둘레점에서 약 2.5cm 안으로 들어온 부분에 점 a를 표시한다. 가로 세로로 접은 가운데 교차점 자국에서 약 2cm 위로 올라간 부분에 점 b를 표시한다. 소매산 연장선 접힌 부분에서 약 0.6cm 올라간 부분에 점 c를 표시한다. 이 세 점을 각각 연결하여 직선의 가이드 라인을 그린다. 팔안쪽솔기선과 위팔둘레선과의 교차점에서 약 0.6cm 내려간 곳에 점 d를 표시한다.

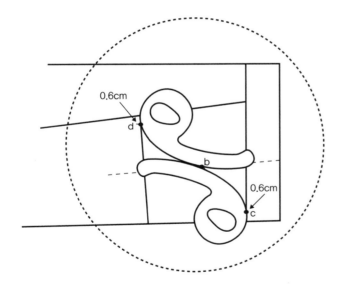

⑨ 직선의 가이드 라인을 따라 점 d, b, c가 동시에 연결되도록 암홀자를 놓고 그림과 같이 곡선을 그린다.

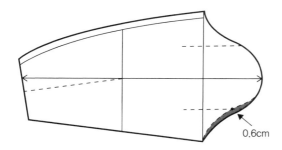

⑩ 완성된 소매 완성선을 따라 제도지를 반으로 접은 상태에서 가위로 잘라낸다. 이때 뒤판 팔안쪽솔기선은 2cm의 시접을 남기고 자른다.

⑪ 앞암홀의 접은 선과 암홀의 교차점 부분을 기준으로 약 0.6cm 줄여 곡선을 정리하고 잘라내어 앞암홀 형태를 완성한다.

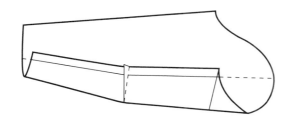

⑫ 제도지의 안쪽 면이 겉으로 오게 뒤집어놓고, 먼저 뒤 팔꿈치다트의 위쪽 부분의 팔안쪽솔기선을 소매중심선에 맞추어 놓은 다음, 팔꿈치다트의 아랫부분의 팔안쪽솔기선을 소매중심선에 맞추어 놓는다. 이때 팔꿈치둘레선에 생기는 분량이 실제 팔꿈치다트가 된다.

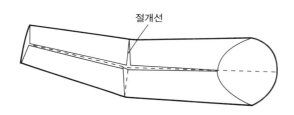

⑬ 앞 팔안쪽솔기선도 소매 중심선에 맞추어 놓는다. 이때 팔꿈치둘레선에 절개선을 넣어야 소매 중심선에 편안하게 맞추어진다. 앞·뒤 팔안쪽솔기선을 중심선에 맞추어 접은 상태에서 두 선이 맞물리도록 뒤팔안쪽솔기선에 남겨두었던 시접에 새로운 뒤안쪽솔기선을 그려주고, 나머지 시접 분량은 잘라내어 소매 패턴을 완성한다.

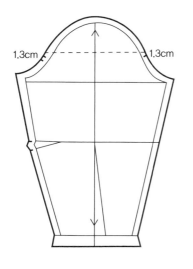

⑭ 완성된 소매 패턴의 소매산을 팔둘레선에 맞추어 반으로 접어 약 1.3cm 아래로 내린 지점에 앞·뒤로 노치표시한다. 뒤는 약 1.3cm 아래로 내려 노치를 하나 더 넣어주면 앞과 뒤를 쉽게 구별할 수 있다. 모슬린에 식서 방향을 잘 맞추어 소매 패턴을 복사하고 시접 분량을 더하여 그림과 같이 소매 드레이핑을 위한 모슬린을 준비한다.

3. 오그림 분량 점검

소매의 실루엣은 꽉 조이는 짧은 소매부터 볼륨감이 있는 퍼프 소매까지 다양하며, 트렌드에 따라 끊임없이 변화한다. 소매는 자연스러운 모양부터 패드가 들어가 각이 진 테일러드 형태까지 다양한데, 어떤 디자인을 하든 소매가 몸판에 편안하게 달려 있어 입는 사람이 불편하지 않아야 한다. 따라서 소매마다 소매산의 높이, 노치의 위치, 소매의 너비 등을 모두 점검해야 한다. 소매가 적절한 형태를 유지하기 위해서는 완성선에 맞추어 몸판의 소매 부위 위에서 직접 드레이핑해보아야 한다. 이렇게 해야 좋은 실루엣을 만들어낼 수 있다.

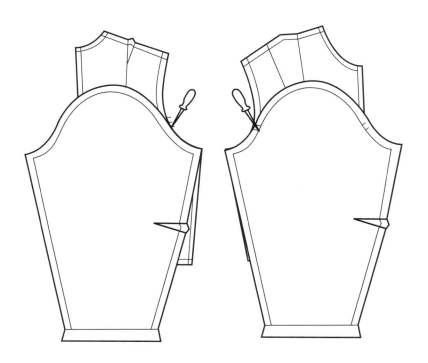

① 그림과 같이 완성된 상의 원형 패턴 위에 소매 원형 패턴을 뒤집어놓고 겨드랑점에서 시작하여 암홀을 따라 어깨솔기까지 소매를 돌린다. 송곳으로 눌러가면서 암홀 노치를 상의 원형에 표시하고, 어깨점을 소매 원형에 표시하기 위해 완성선을 따라 정확히 돌려준다.

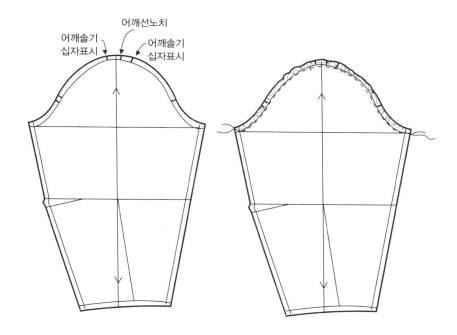

② 소매산에 표시된 앞·뒤 어깨들기 십자표시 사이의 길이를 반으로 나누면 이 중심의 위치가 어깨선노치가 된다. 암홀의 형태가 정확하다면 어깨선노치는 소매 중심선에서 약 0.6~0.7cm 앞쪽에 위치하게 된다.

③ 소매산에 표시된 앞·뒤 어깨점 사이의 길이는 소매의 편안한 형태를 위한 오그림 분량이다. 이 분량을 소매산에 고르게 보내기 위해서는 소매 완성선을 따라 1줄로 박음질하고 시접 쪽으로 0.2cm 나가서 1줄 더 박음질한다. 이때 박음질 시작과 끝부분에는 되돌아박음질을 하지 않고 양쪽 실끝을 길게 남겨주며, 남긴 실 끝을 잡고 소매산에 오그림 분량을 만들어준다. 이때 편안한 소매산의 형태를 만들기 위해 소매산 부위에 가장 많은 오그림 분량을 주고 앞·뒤 노치점으로 갈수록 줄어들도록 한다. 이후 언더 암홀 쪽으로는 오그림 분량이 없도록 조정한다.

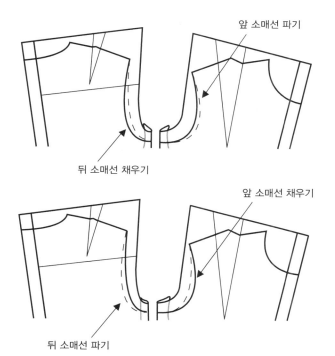

4. 암홀 균형 잡기

① 상의 원형의 앞암홀과 뒤암홀 길이를 측정한다. 뒤암홀의 길이는 앞암홀보다 약 1.3cm 정도 길어야 한다.

② 필요하다면 앞암홀 또는 뒤암홀을 보정한다. 그림과 같이 암홀의 길이를 늘리기 위해서는 곡선을 약 0.6cm 파서 깎고, 암홀의 길이를 줄이기 위해서는 곡선을 약 0.6cm 채워 붙여준다. 이렇게 약 0.6cm를 보정하는 것으로도 암홀의 균형이 맞지 않는다면, 암홀의 치수나 제도 과정이 정확했는지 다시 한 번 확인해야 한다.

5. 상의 원형에 소매 달기

디자이너는 패턴의 맞음새를 확인하고 필요시 패턴을 보정할 수 있어야 한다. 상의 원형에 준비된 소매 원형을 맞추는 것은 소매 드레이핑에서 가장 중요한 과정으로, 이때 소매의 맞음새를 다시 한 번 확인하여 정확하게 드레이핑하여 상의 원형과 소매의 정확한 완성선을 찾도록 한다.

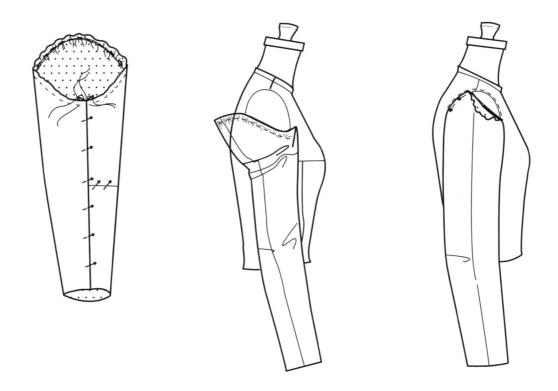

① 먼저 다트와 팔 안쪽 솔기선을 합핀하고 오그림 분량을 잡아당기면서 소매산 쪽으로 2번 박음질한 선 2개를 한꺼번에 약 5cm 정도 당기게 조이고, 이 오그림 분량을 앞뒤로 각각 3등분으로 나누어 가장 소매산 쪽에 있는 것은 오그림 분량을 많이, 중간 쪽에 있는 것은 오그림 분량을 덜, 마지막 위 팔둘레선 쪽으로는 오그림 분량이 없도록 조정한다.

② 오그림 분량이 잡혀 있는 소매의 앞뒤 노치까지 상의 원형의 노치에 맞추어 안쪽 시접에서 시접끼리만 핀을 꽂는다. 이때도 소매와 상의 원형의 모슬린과 모슬린끼리만 핀을 꽂아 고정한다. 핀의 수는 5개 정도로 조정한다.

③ 소매의 앞뒤 노치의 윗부분의 완성선을 상의 원형에 잘 맞추어가면서 소매 바깥쪽에서 핀을 꽂는다. 이때 실을 조절해서 오그림 분량을 맞추어 상의 원형의 암홀과 소매의 암홀이 잘 맞도록 앞뒤를 차례로 교차해가며 바로 완성선에 맞추어서 핀을 꽂는다. 이때도 핀의 수를 5개 정도로 조정한다.

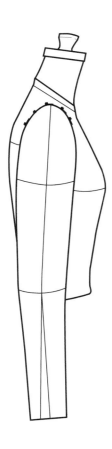

- 소매의 식서선이 수직으로 놓였으며 그 위치가 상의 원형의 옆선과 일치하는가?

  - 이때도 팔꿈치둘레선 아래, 즉 소매의 중심선은 인체의 팔 형태와 같이 앞쪽으로 약간 향해야 한다.

- 소매의 푸서 방향선은 수평으로 바닥과 평행하는가?

  - 이때도 소매는 당겨지거나 처지면 안 된다.

- 소매산의 여유 분량은 자연스럽고 편안한가?

  - 소매 디자인의 형태에 따라 여유 분량은 다양하다.

보정을 위한 메모

- 어떤 보정도 소매의 원형에서 다시 하도록 한다.

- 소매 오그림 분량이 너무 많거나 적다면 상의 원형의 암홀 모양을 점검한다.

- 소매가 앞이나 뒤로 너무 쏠리면 역시 상의 원형의 암홀 모양과 오그림 분량의 앞뒤 밸런스가 맞는지 점검한다.

- 수정된 소매는 핀을 꽂아 다시 원형에 붙여서 맞음새를 다시 확인해야 하며, 확인 후 패턴을 수정해야 한다.

BASIC PANTS

CHAPTER 7
팬츠 원형

1. 팬츠 원형을 위한 준비　　팬츠는 트라우저(trousers), 슬랙스(slacks) 등으로 불린다. 스커트 이상으로 여성복에서 큰 비중을 차지하는 옷으로, 패턴이 착용감에 많은 영향을 미친다.

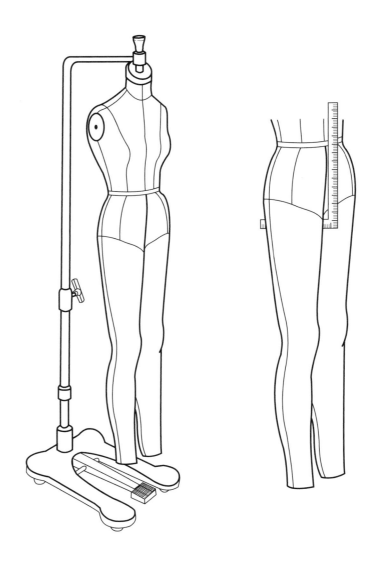

팬츠를 드레이핑하려면 팬츠용 드레스폼이 필요하다. 팬츠용 드레스폼은 직각자를 사용하여 그림과 같이 밑위 길이를 확인한다. 허리선상에서 직각자에 표시된 치수가 여유분 약 3.3cm를 포함한 밑위 길이가 된다. 이것은 직선 실루엣의 편안한 팬츠에 사용되는 평균 밑위 분량으로, 타이트한 팬츠의 경우 밑위 길이에 약 2cm의 여유분을 더해야 한다.

2. 모슬린 준비

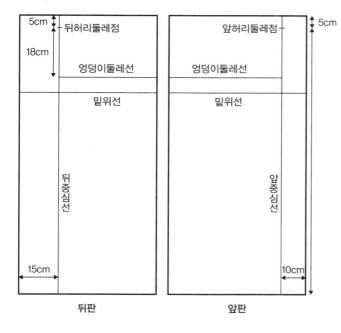

뒤판

앞판

① 원하는 팬츠 길이에 여유분 약 10cm를 더한 만큼 앞·뒤판을 준비한다. 폭은 약 48cm로 한다.

② 앞판 모슬린의 오른쪽 가장자리에서 10cm 들어간 곳에 앞중심선을 그린다.

③ 앞판 위가장자리에서 약 23cm 내려서 앞중심선에 대한 직각으로 엉덩이둘레선을 그린다.

④ 엉덩이둘레선 아래에 밑위 길이만큼의 선을 엉덩이둘레선과 평행하게 그린다.

⑤ 뒤판 모슬린의 왼쪽 가장자리에서 약 15cm 들여서 뒤중심선을 그린다.

⑥ 뒤판 위가장자리에서 약 23cm 내려서 뒤중심선에 직각으로 엉덩이둘레선을 그리고 밑위선을 그린다.

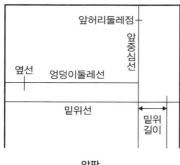

앞판

⑦ 밑위 연장선을 그리기 위해서 앞판은 엉덩이둘레선을 기준으로 앞중심에서 옆솔기까지의 길이의 1/4의 위치에 표시한다. 뒤판은 엉덩이둘레선을 기준으로 뒤중심에서 옆솔기까지의 길이의 1/2의 위치에 표시한다.

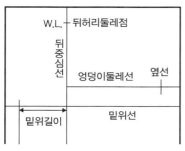

뒤판

⑧ 밑위 연장선에서 앞중심과 뒤중심에 각각 수평이 되는 직선을 그린다.

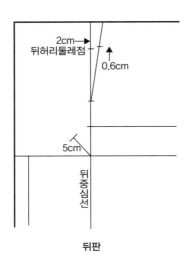

뒤판

⑨ 뒤중심선상에서 허리둘레점과 밑위선까지 길이를 이등분하고 해당 지점을 표시한다.

⑩ 뒤중심선과 허리둘레점과 교차점에서 그림과 같이 약 0.6cm 올라가고 약 2cm 들어간 지점을 표시하고, 이 지점과 뒤중심선에 표시한 이등분점을 사선으로 연결한다.

⑪ 뒤중심선과 밑위선 교차점에서 약 5cm 길이의 사선을 그린다.

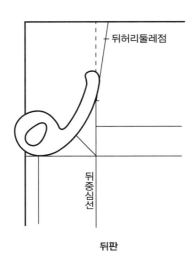

뒤판

⑫ 그림과 같이 프렌치 커브자를 놓고 안내선을 자연스럽게 연결하여 뒤판의 밑위 곡선을 그린다.

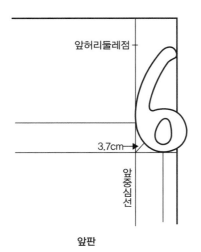

앞판

⑬ 앞중심선과 밑위선 교차점에 약 3.7cm 길이의 사선을 그린 후 그림과 같이 프렌치 커브자를 놓고 안내선을 자연스럽게 연결하며 앞판의 밑위 곡선을 그린다.

3. 드레이핑 단계

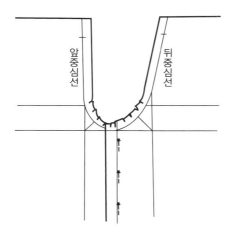

앞중심선 뒤중심선

① 밑위 곡선에 시접 약 2cm를 더하고 모슬린을 잘라낸 다음, 약 1.5cm의 일정 간격으로 시접에 가윗밥을 넣어준다.

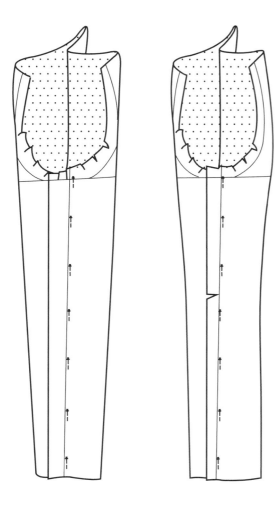

② 드레스폼에 모슬린을 올려놓기 전에 앞판과 뒤판의 팬츠 가랑이 안쪽 솔기를 겹쳐놓고 솔기를 따라 발목까지 핀을 꽂는다.

※ 테이퍼드 팬츠의 경우 발목에서 모슬린이 안쪽으로 앞·뒤판이 원하는 바지폭만큼 적당량 겹쳐져서, 팬츠 아랫부분으로 갈수록 옆솔기와 가랑이 안솔기가 좁아지도록 핀을 꽂아서 폭을 결정한다.

※ 슬림하고 일직선이 되는 피티드 팬츠의 경우에는 뒤판 모슬린이 무릎을 향하여 좁아지도록 잡고 무릎 부위 여유분에 길게 가윗밥을 수평으로 주고 무릎선 아래쪽으로는 앞·뒤편 안솔기와 옆솔기가 원하는 폭대로 잘 떨어지도록 조정하면서 안쪽 솔기에 핀을 꽂는다.

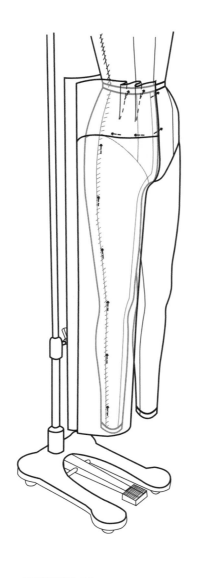

③ 드레스폼 위에서 앞·뒤 중심선의 허리 교차점과 엉덩이 교차점에 핀을 꽂는다.

④ 앞·뒤 엉덩이둘레선을 따라 여유분을 생각하면서 옆선 교차점에서 핀을 꽂고, 밑위 수준에서 허리선까지 앞·뒤판을 핀으로 연결할 때 원하는 디자인에 따라 다트 혹은 플리츠, 개더 등을 만들어주면서 허리선 부위를 정리한다.

※ 이때 허리 부위 앞중심선은 편안한 맞음새를 위해 중심선을 약간 이동할 수 있다.

※ 일반적으로 앞판 다트는 프린세스 라인에 1개, 프린세스 라인과 옆선 사이에 1개를 넣고, 뒤판 다트는 프린세스 라인에 1개를 넣어준다.

※ 만약 발목 부분으로 갈수록 좁아지는 실루엣을 원한다면, 옆솔기를 안쪽으로 이동시켜 핀을 꽂아준다. 이때 안쪽 솔기 또한 같이 좁아지도록 하여 팬츠 양쪽의 올 방향이 균형을 이루게 해야 한다.

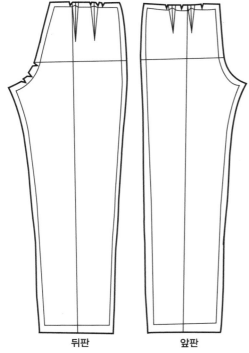

뒤판   앞판

4. 마킹 및 완성선 정리

① 옆솔기, 안솔기, 허리둘레선, 다트 또는 턱에 점표시와 교차점 십자표시를 한다.

② 드레스폼에서 모슬린을 떼어내어 시접은 1.3cm, 밑단 시접은 3.5cm를 남기고 잘라낸다.

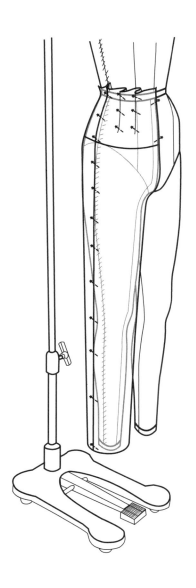

점검사항

팬츠의 밑위 부분이 적당한 여유분을 가지면서
형성되는지 확인한다.

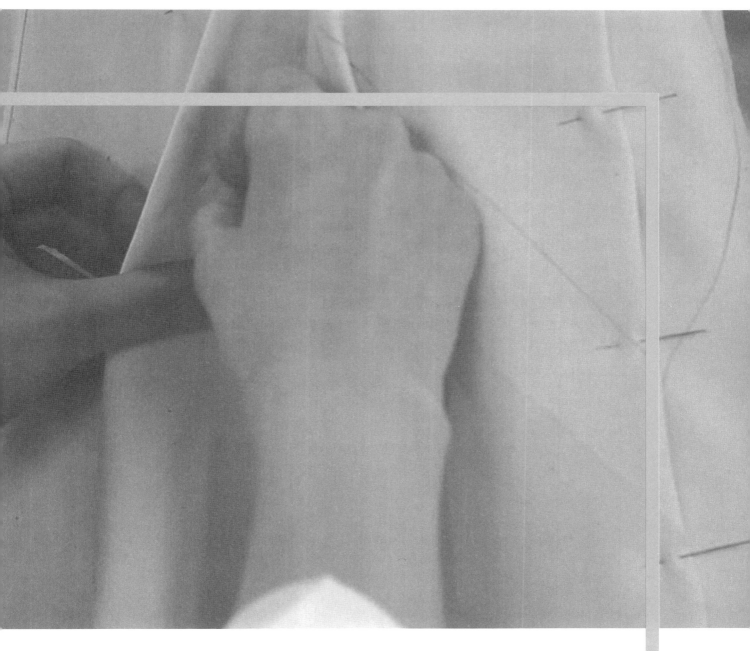

DESIGN VARIATIONS

—

PART 3 기본 원형의 변형 디자인

기본 원형을 통해 익힌 드레이핑 테크닉을 바탕으로 다트 머니퓰레이션, 요크와 미드리프, 프린세스 라인, 칼라, 스커트, 카울 등의 다양한
응용 디자인을 표현하도록 한다.

DART
MANIPULATION

CHAPTER 8
다트 머니퓰레이션

1. 허리다트

인체의 입체적인 형태를 따라 만들어지는 기본다트는 인체의 볼륨감으로 인해 생겨나며 디자인에 따라 어느 곳이든 이동할 수 있고 큰 다트, 여러 개의 다트, 플리츠, 턱, 개더 등 여러 가지 다양한 표현으로 인해 디테일이 달라진다. 이러한 구조선은 인체의 어느 곳에서든 만들어지고 여러 가지 방법으로 다양하게 변형되어 세부적인 디자인을 만들어낸다.

하나의 다트를 여러 개의 개더나 플리츠로 바꾸는 방법에는 다양한 예가 있지만, 여기서는 기초적인 방법을 설명하도록 한다. 이러한 기법은 디자이너가 모슬린 다트분을 이용하여 드레이핑할 때 다양한 표현을 할 수 있게 하며 결과적으로 디자인의 범위를 넓히는 데 도움을 줄 수 있다.

1) 모슬린 준비

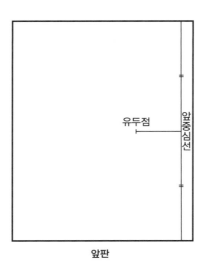

유두점

앞중심선

앞판

① 모슬린의 길이와 폭은 상의 원형 앞판 드레이핑을 위한 모슬린 준비 과정과 같다(48쪽 참고).

② 모슬린의 오른쪽 가장자리에서 2.5cm 안쪽으로 들어온 지점에 식서 방향으로 올을 따라 앞중심선을 그린다.

③ 앞중심선에서 전체 길이의 1/2 지점에 수평으로 푸서 방향의 올을 따라 유두점까지 선을 그린다.

※ 본 장에서는 뒤판은 생략하고 앞판 다트 머니퓰레이션의 예만 설명한다.

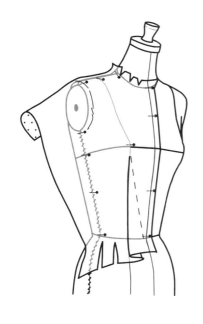

2) 드레이핑

① 모슬린의 유두점을 드레스폼의 유두점에 맞추어 핀으로 고정하고 가슴둘레선 위아래 중심선에 그림과 같이 핀을 꽂는다. 이때 가슴의 볼륨감을 살려 공간을 띄우고 핀을 꽂는다. 앞중심선의 목둘레선 교차점과 허리둘레선 교차점에 핀을 꽂는다.

② 목둘레선 주변을 편안하게 다듬어 가윗밥을 주고, 불필요한 모슬린을 잘라내어 목둘레선을 정리해준다. 어깨선과 목둘레선 교차점에 핀을 꽂고 어깨선과 암홀 교차점까지의 부분을 편안하게 내려 핀을 꽂는다.

③ 암홀 판부분의 모슬린을 가다듬고 겨드랑이 밑점 옆솔기 교차점에 핀을 꽂고 옆솔기를 따라 편안하게 다듬어 아래로 쓸어내린 후 가슴 아래 모슬린의 모든 여유분을 허리둘레선 쪽으로 향하게 한다.

④ 옆솔기와 허리둘레선 교차점에 핀을 꽂고 허리둘레선 아래쪽 모슬린에 수직으로 가윗밥을 주어 허리둘레를 편안하게 정리한다.

⑤ 모슬린의 모든 여유 분량을 허리둘레선의 프린세스 라인에 맞추어 하나의 다트로 잡아서 핀을 꽂는다. 여유분은 스스로 결정해서 디자인에 따라 필요한 만큼 조정한다.

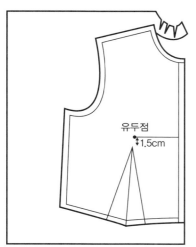

3) 마킹 및 완성선 정리

① 목둘레선, 허리둘레선과 앞중심선 교차점에 십자표시를 하고 목둘레선에 점표시를 한다.

② 어깨솔기와 목둘레선 교차점에 십자표시, 어깨솔기와 암홀교차점에 십자표시를 하고 어깨솔기선에 점표시를 한다.

③ 어깨선과 암홀선 교차점에 십자표시하고 암홀선을 따라 약 5cm 점표시를 한다.

④ 겨드랑이 밑점에 십자표시, 옆솔기선에 점표시를 하고 옆솔기선과 허리둘레선 교차점에 십자표시를 한다.

⑤ 허리둘레선에 점표시, 다트 교차점에 십자표시를 한다.

⑥ 다트 끝점에 점표시를 한다. 표시는 유두점에서 약 1.5cm 내려간 위치에 한다.

⑦ 드레스폼에서 모슬린을 떼어낸 후, 모든 솔기의 점표시와 십자표시를 실선으로 그리고, 시접을 남기고 정리한다. 시접 분량은 상의 원형과 같다.

※ 다트를 닫아 핀으로 고정하고 드레스폼에 다시 올려 핀으로 고정한 후 정확도와 밸런스를 한 번 더 확인한다.

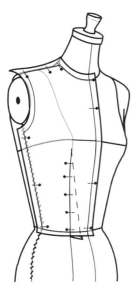

2. 앞중심 다트

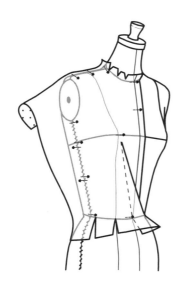

1) 모슬린 준비

80쪽을 참고한다.

2) 드레이핑

① 모슬린의 유두점을 드레스폼의 유두점에 맞추어 핀으로 고정하고 가슴둘레선 위아래 중심선에 핀을 꽂는다. 이때 가슴의 볼륨감을 살려 공간을 띄워 핀을 꽂아야 한다. 앞중심의 목둘레선 교차점, 허리둘레선 교차점에 핀을 꽂는다.

② 목둘레선 주변을 편안하게 다듬어 가윗밥을 주고 불필요한 모슬린을 잘라내어 목둘레선을 정리한다. 어깨선과의 교차점에 핀을 꽂고 어깨선에 핀을 꽂으면서 암홀 교차점까지의 부분을 편안하게 내려 핀을 꽂는다.

③ 암홀 판부분의 모슬린을 가다듬고, 겨드랑이 밑점 옆솔기 교차점에 핀을 꽂고 옆솔기를 따라 평평하게 하고 아래로 쓸어내려 옆선에 핀을 꽂고 허리둘레선 교차점에 핀을 꽂는다. 가슴 밑부분 모슬린의 모든 여유분이 앞중심 쪽으로 향하게 하고 허리둘레선에 핀을 꽂는다.

④ 앞중심과 허리둘레선 교차점에 여유 분량을 하나의 다트로 잡아서 핀을 꽂는다.

⑤ 이때 허리둘레선 아래쪽 모슬린에 가윗밥을 주어 허리둘레를 편안하게 정리하고 움직임에 필요한 여유분은 스스로 결정해서 필요한 만큼 조정한다.

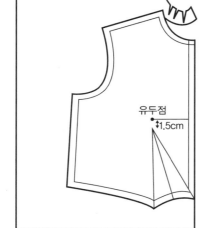

3) 마킹 및 완성선 정리

① 목둘레선, 허리둘레선과 앞중심선 교차점에 십자표시를 한다.

② 목둘레선 점표시하고 어깨솔기와 목둘레선 교차점에 십자표시를 한다.

③ 어깨솔기와 암홀 교차점에 십자표시를 하고 어깨솔기선에 점표시를 한다.

④ 암홀판부위는 어깨솔기 끝점에서 시작하여 못 기준 수평점 중앙까지 점표시를 한다.

⑤ 겨드랑이 밑점에 십자표시, 옆솔기선 점표시를 하고 허리둘레선 교차점에 십자표시를 한다.

⑥ 허리둘레선에 점표시를 하고 다트 교차점에 십자표시를 한다.

⑦ 드레스폼에서 모슬린을 떼어낸 후, 모든 솔기의 점표시와 십자표시를 실선으로 그리고, 시접을 남기고 정리한다.

※ 다트를 닫아 핀으로 고정한 후 드레스폼에 다시 올려 핀으로 고정한 후 정확도와 밸런스를 한 번 더 확인한다.

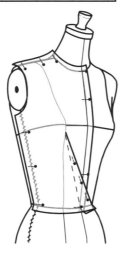

3. 프렌치 다트

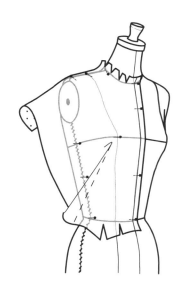

1) 모슬린 준비

80쪽을 참고한다.

2) 드레이핑

① 모슬린의 유두점을 드레스폼의 유두점에 맞추어 핀으로 고정하고 가슴둘레선 위아래 중심선에 핀을 꽂는다. 이때 가슴의 볼륨감을 살려 공간을 띄우고 핀을 꽂아야 한다. 앞중심의 목둘레선 교차점, 허리둘레선 교차점에 핀을 꽂는다.

② 목둘레선 주변을 편안하게 다듬어 가윗밥을 주고 불필요한 모슬린을 잘라내어 목둘레선을 정리해준다. 목둘레선과 어깨선의 교차점에 핀을 꽂고 암홀 교차점까지의 부분을 편안하게 내려 어깨솔기와 교차점에 핀을 꽂는다.

③ 허리둘레선에 가윗밥을 넣고, 모슬린의 여유분을 모두 옆솔기쪽으로 보내고 허리둘레선과 옆솔기의 교차점에 핀을 꽂는다.

④ 암홀 판부분의 모슬린을 가다듬 겨고드랑이 밑점 옆솔기 교차점에 핀을 꽂고 옆솔기를 따라 평평하게 하고 아래로 쓸어 내려 가슴 밑부분 모슬린의 모든 여유분을 옆솔기 쪽으로 보낸다.

⑤ 옆솔기 부분에서 원하는 지점에 프렌치 다트를 1개 또는 2개를 만들어주고 핀으로 다트 분량 모슬린만 집어 고정한다.

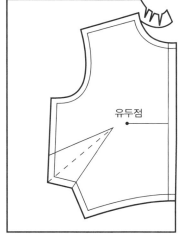

유두점

3) 마킹 및 완성선 정리

① 목둘레선, 허리둘레선과 앞중심선 교차점에 십자표시를 하고 목둘레선에 점표시를 한다.

② 어깨솔기와 목둘레선 교차점에 십자표시, 어깨솔기와 암홀 교차점에 십자표시를 하고 어깨솔기선에 점표시를 한다.

③ 암홀판부위는 어깨솔기 끝점에서 시작하여 못기준 수평점 중앙까지 점표시를 한다.

④ 겨드랑이 밑점에 십자표시, 옆솔기선 점표시, 다트 교차점에 십자표시를 한다.

⑤ 옆솔기와 허리둘레선 교차점에 십자표시를 하고 허리둘레선에 점표시를 한다.

⑥ 드레스폼에서 모슬린을 떼어낸 후, 모든 솔기의 점표시와 십자표시를 실선으로 그리고 시접을 남기고 정리한다.

※ 다트를 닫아 핀으로 고정하고 드레스폼에 다시 올려 핀으로 고정한 후 정확도와 밸런스를 한 번 더 확인한다.

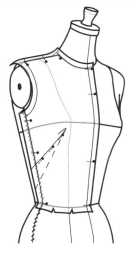

4. 버스트 개더링

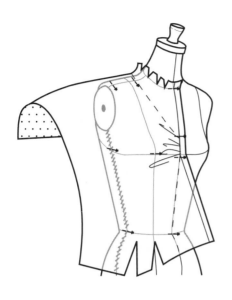

유두점

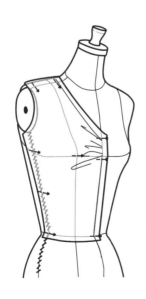

1) 모슬린 준비

80쪽을 참고한다.

2) 드레이핑

① 먼저 모슬린의 유두점을 드레스폼의 유두점에 맞춰 핀으로 고정하고 바스트 라인 위쪽의 앞중심선과 목둘레선 주변을 중심선상에 편안하게 만들어지도록 앞목점과의 교차점에 고정시키고 목둘레선을 정리한다.

② 어깨솔기와 목둘레선 교차점에 핀을 꽂고 암홀 교차점까지의 부분을 편안하게 내려 핀을 꽂는다.

③ 암홀 판부분의 모슬린을 가다듬고 겨드랑이 밑점 옆솔기 교차점에 핀을 꽂고 옆솔기를 따라 평평하게 하고 아래로 쓸어내려 가슴 밑부분 모슬린의 모든 여유분이 허리둘레선 쪽으로 향하게 한다.

④ 옆솔기 허리둘레선 교차점에 핀을 꽂고 허리둘레선 아래쪽 모슬린에 가윗밥을 주어 허리둘레를 편안하게 정리한다.

⑤ 앞중심을 찾기 위해 남은 모슬린을 모두 앞중심 드레스폼의 반대쪽으로 빼버린다. 남은 모슬린을 앞중심선으로 올리면서 가슴 부분에 개더링 또는 다트로 만들고 핀으로 고정한다.

⑥ 원하는 목둘레선을 만들기 위해 디자인에 따라 스타일테이프로 디자인선을 새롭게 결정해준다.

3) 마킹 및 완성선 정리

① 앞중심선의 개더링 분량의 시작과 끝에 십자표시를 한다. 이때 개더링이 잡힌 분량인 경우, 개더링 잡힌 상태의 길이를 재서 모슬린 위에 적어둔다.

② 개더링이 잡힌 사이사이를 연필로 꼭꼭 눌러가면서 완성선 위에 표시한다.

③ 앞중심선에 점표시 및 위아래 교차점 십자표시를 한다. 목둘레선에는 점표시를 하고, 어깨솔기 교차점 십자표시와 어깨솔기 점표시를 한다.

④ 암홀 부위에서는 어깨솔기 끝점 십자표시, 못 기준 수평점 중앙까지 점표시를 한다.

⑤ 허리둘레선과 옆솔기 교차점에 십자표시를 한다. 허리둘레선에는 점표시를 한다.

⑥ 드레스폼에서 모슬린을 떼어낸 후, 모든 솔기의 점표시와 십자표시를 실선으로 그리고 시접을 남기고 정리한다.

※ 앞중심의 개더링 분량을 박음질 또는 홈질 후 실을 잡아당겨 완성 상태의 길이로 고정시키고, 드레스폼에 다시 올려 핀으로 고정하고 정확도와 밸런스를 한 번 더 확인한다.

5. 숄더 개더링

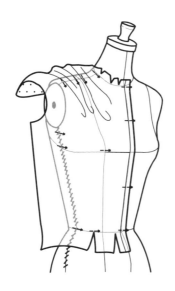

1) 모슬린 준비

80쪽을 참고한다.

2) 드레이핑

① 먼저 모슬린의 유두점을 드레스폼의 유두점에 맞춰 핀으로 고정하고, 앞 중심의 가슴둘레선 위아래 중심선에도 핀을 꽂는다. 이때 가슴의 볼륨감 을 살려 공간을 띄우고 핀을 꽂아야 한다. 목둘레선 교차점, 허리둘레선 교차점까지 핀을 고정한다.

② 목둘레선 주변을 편안하게 다듬어 모슬린의 가장자리에 가윗밥을 주고 목 둘레선을 정리해준다. 목둘레선과 어깨솔기 교차점에 핀을 꽂고 옆목점쪽 어깨솔기에서 개더링을 잡을 위치에 핀을 꽂아 표시한다.

③ 앞중심선과 허리둘레선 교차점에서 시작하여 허리둘레선을 따라 옆솔기 와의 교차점까지 핀을 꽂는다. 이때 허리둘레선 아래쪽 모슬린에 가윗밥 을 주면서 허리둘레선 주변이 편안해지도록 정리한다.

④ 옆솔기선을 자연스럽게 정해주면서 겨드랑이 밑점에 핀을 꽂고 나머지 분 량을 암홀 위쪽으로 자연스럽게 쓸어 넘긴다.

⑤ 어깨 끝점에 핀을 꽂고 암홀 쪽 어깨솔기에서 개더링을 잡을 위치에 핀을 꽂고, 여유 분량의 모슬린으로 개더링 모양을 잡고 핀을 꽂아 고정한다.

※ 개더링을 잡을 때 개더링 분량 위에 고무밴드를 대고 모양을 잡으면 쉽다.

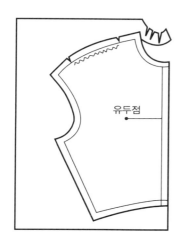

유두점

3) 마킹 및 완성선 정리

① 목둘레선, 허리둘레선과 앞중심선 교차점에 십자표시를 하고 목둘레선, 허리둘레선에 점표시를 한다.

② 어깨솔기선과 목둘레선 교차점에 십자표시, 어깨솔기와 암홀 교차점에 십 자표시를 한다. 어깨의 솔기선 표시를 위해 개더링 사이사이를 연필로 힘 있게 찍어 정확히 점표시를 한다. 개더링의 시작과 끝에는 십자표시를 한 다. 이때 개더링이 잡힌 부분은 드레스폼 위에서 길이를 재서 따로 개더링 이 잡힌 주위에 적어둔다.

③ 암홀판 부위는 어깨솔기 끝점에서 시작하여 못 기준 수평점 중앙까지 점 표시를 한다.

④ 겨드랑이 밑점에 십자표시, 옆솔기선 점표시를 한다.

⑤ 허리둘레선에 점표시, 다트 교차점 십자표시를 한다.

⑥ 드레스폼에서 모슬린을 떼어낸 후, 모든 솔기의 점표시와 십자표시를 실 선으로 그린 다음 시접을 남기고 정리한다.

※ 어깨솔기의 개더링 분량을 박음질 또는 홈질 후 실을 잡아당겨 완성 상태 의 길이로 고정시키고 드레스폼에 다시 올려 핀으로 고정하고 정확도와 밸런스를 한 번 더 확인한다.

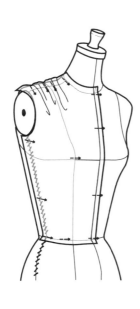

YOKE AND MIDRIFF

CHAPTER 9
요크와 미드리프

1. 보디스 요크

요크(yoke)는 곡선인 인체를 다트 없이도 입체적으로 처리할 수 있기 때문에 디테일 표현에 많이 사용된다. 이것은 주로 보디스의 어깨 부위나 스커트의 엉덩이둘레 부위에서 스타일링된다. 본 장에서는 기본적인 어깨요크를 이해함으로써 다양하게 변화된 디자인을 만들어낼 수 있도록 한다.

1) 모슬린 준비

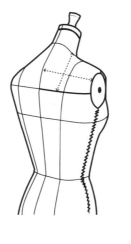 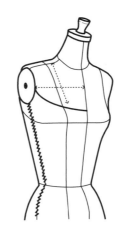

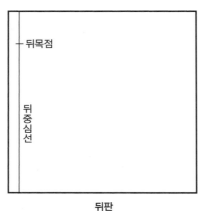

뒤판

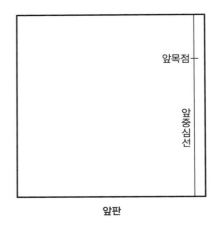

앞판

① 먼저 드레스폼에 원하는 디자인 라인을 스타일테이프로 테이핑한다. 이때 요크의 위치가 주는 전체적인 균형과 앞·뒤판의 조화를 생각한다. 디자인 라인은 가슴 부위로 많이 내려오지 않거나 뒤품선 밑으로 내려오지 않게 설정되어야만 다트나 다른 디테일 없이 처리될 수 있다.

② 모슬린의 식서 방향은 완성된 디자인, 소재, 문양 등을 모두 참고하여 결정한다.

③ 모슬린은 원하는 디자인의 가장 긴 부분과 폭에 약 10cm를 더하여 앞·뒤판을 준비한다.

④ 앞·뒤판 중심선을 좌우 가장자리에서 2.5cm 들여서 그린다.

⑤ 앞·뒤목둘레점을 위해 앞목둘레점은 위가장자리에서 약 10cm 내리고, 뒤목둘레점은 위가장자리에서 약 8cm 내려서 표시한다.

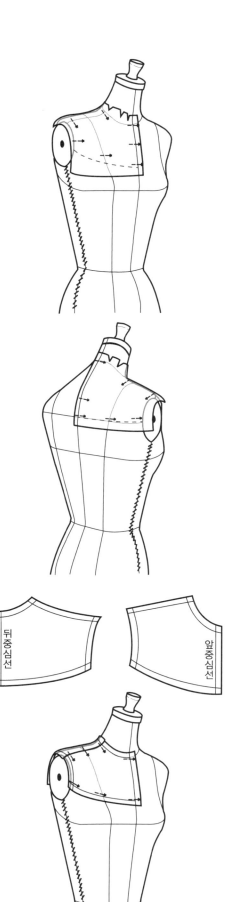

2) 앞판 드레이핑

① 모슬린의 앞목점과 앞중심선을 드레스폼의 앞목점과 앞중심에 잘 맞추어 핀으로 고정한다.

② 앞목둘레선을 따라 가윗밥을 주어 목둘레선 주변을 평평하게 정리하고, 옆목점을 핀으로 고정한다.

③ 어깨솔기선을 편안하게 하여 어깨 끝점을 핀으로 고정한다.

④ 앞판 보디스 요크의 디자인에 따라 자연스럽게 핀을 꽂아 고정한다.

3) 뒤판 드레이핑

① 모슬린의 뒤목점과 뒤중심선을 드레스폼의 뒤목점과 뒤중심선에 잘 맞추어 핀으로 고정한다.

② 뒤목둘레선을 따라 가윗밥을 주어 목둘레선 주변을 평평하게 정리하고 옆목점을 핀으로 고정한다.

③ 어깨선을 편안하게 하여 어깨 끝점을 핀으로 고정한다.

④ 뒤판 보디스 요크의 디자인에 따라 자연스럽게 핀을 꽂아 고정한다.

4) 마킹 및 완성선 정리

① 목둘레선, 암홀선과 요크 디자인선에 점표시하고 모든 교차점에 십자표시를 한다.

② 드레스폼에서 모슬린을 떼어내어 점표시와 십자표시를 연결하여 완성선을 그리고 시접을 1.3cm 남기고 정리한다.

※ 모슬린을 합핀하여 드레스폼에 올려 맞음새를 확인한다.

2. 미드리프

미드리프(midriff)는 허리둘레선 위아래 부위를 다트 없이 인체에 밀착시켜 인체의 곡선미를 드러내기 위한 디자인에 주로 적용된다.

1) 모슬린 준비

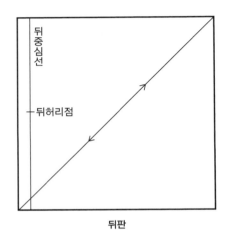
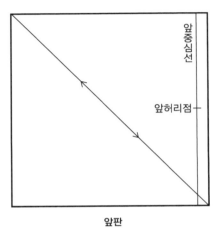

뒤판   앞판

① 먼저 드레스폼에 원하는 디자인 라인을 스타일테이프로 표시한다. 이때 디자인의 전체적인 밸런스와 앞·뒤판의 조화를 생각하며 테이핑한다.

② 원하는 디자인의 가장 긴 부분의 길이와 폭에 약 10cm를 더하여 모슬린 앞·뒤판을 준비한다. 이때 인체의 유연한 곡선이 부각되고 자연스럽게 밀착시키기 위해 모슬린을 바이어스 방향으로 준비한다.

③ 앞판 모슬린의 오른쪽 가장자리에서 2.5cm를 들여서 앞중심선을 그리고, 뒤판 모슬린의 왼쪽 가장자리에서 2.5cm를 들여서 뒤중심선을 그린다.

④ 앞·뒤판 모슬린의 앞·뒤중심선의 길이에 약 1/2 지점에 허리점 노치를 표시한다.

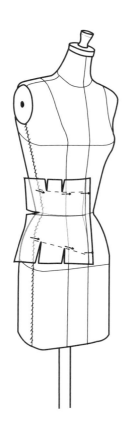

2) 앞판 드레이핑

① 준비된 모슬린의 허리점과 앞중심선을 드레스폼의 허리점과 앞중심선에 맞추어 핀을 꽂는다.

② 자연스러운 허리둘레선을 찾기 위해 앞중심선 교차점에서 허리둘레선을 향하여 모슬린의 가장자리에서 가윗밥을 넣어주며 허리둘레선을 따라 조정하면서 핀을 꽂아 지정된 옆선까지 고정한다.

③ 앞중심선 교차점에서 엉덩이둘레선 쪽으로 테이핑된 스타일 라인 쪽으로 모슬린을 편안하게 다스리면서 쓸어내린다. 이때 자연스러운 맞음새를 위해 모슬린 밑 가장자리에서 엉덩이둘레선을 향해 가윗밥을 넣어주고, 엉덩이둘레의 여유 분량에 따라 조정하여 핀을 꽂는다.

④ 밀착된 실루엣을 위해 옆선에 위치한 모슬린의 가장자리에서 가윗밥을 넣어주고 옆선에 핀을 꽂는다.

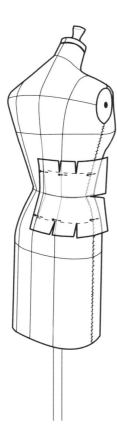

3) 뒤판 드레이핑

① 준비된 모슬린의 뒤중심선을 드레스폼의 뒤중심선에 맞추어 핀을 꽂는다.

② 자연스러운 허리둘레선을 찾기 위해 모슬린 가장자리에서 허리둘레선을 향하여 가윗밥을 넣어주면서, 허리둘레선의 여유 분량에 따라 조정하여 핀을 꽂아 지정된 옆선 교차점까지 고정한다.

③ 엉덩이둘레선 쪽으로 테이핑된 스타일 라인 쪽으로 모슬린을 편안하게 다스리면서 쓸어내린다. 이때 자연스러운 맞음새를 위해 모슬린 가장자리에서 엉덩이둘레선 쪽을 향하여 가윗밥을 넣어주고. 엉덩이둘레의 여유 분량에 따라 조정하여 핀을 꽂아 지정된 옆선 교차점까지 고정한다.

④ 앞판과 마찬가지로 옆선의 모슬린 가장자리에 가윗밥을 넣어서 편안한 옆선을 만들고 핀으로 고정한다.

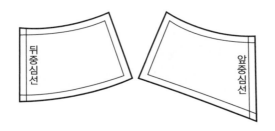

뒤중심선

앞중심선

4) 마킹 및 완성선 정리

① 미드리프의 디자인 라인을 따라 점표시를 하고 교차점에는 십자
   표시를 한다.

② 드레스폼에서 떼어내어 점표시와 십자표시를 연결하여 완성선을
   그리고 시접을 1.3cm 남기고 정리한다.

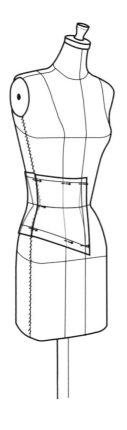

※ 정리된 모슬린을 합핀하여 드레스폼에 올리고 점검한다. 모슬린
   이 뒤틀리거나 늘어남 없이 허리둘레선을 따라 편안하게 맞는지
   확인한다.

MEMO

PRINCESS LINE

CHAPTER 10
프린세스 라인

1. 기본 프린세스 라인

프린세스 라인은 다트가 아닌 절개선으로 인체에 맞는 곡선의 실루엣을 만들어내는 것이다. 일반적으로 어깨 또는 암홀부터 허리둘레선까지 연결된 라인이 허리 부위에 맞게 디자인되고 이 라인은 유두점 근처를 지나게 된다. 이러한 절개선을 통해 인체에 곡선적인 실루엣을 만들어내며 입체적인 패턴을 구현할 수 있게 된다. 본 장에서는 기본 프린세스 라인의 제작 방법을 익힐 수 있도록 한다.

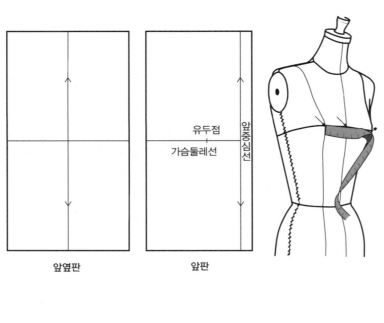

앞옆판   앞판

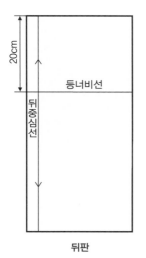 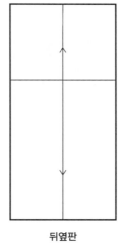 

뒤판   뒤옆판

1) 모슬린 준비

① 앞판, 앞옆판, 뒤판, 뒤옆판 등 4장의 패널을 목밴드에서 목둘레선을 거쳐서 허리둘레선까지 길이에 약 10cm를 더해서 준비한다.

② 앞판의 폭은 드레스폼의 앞중심선에서부터 프린세스 라인의 기준점까지 가슴둘레선에서 폭을 재고, 약 10cm를 더해 모슬린을 준비한다. 앞옆판은 앞 프린세스 라인에서 옆솔기까지의 가슴둘레선에서 폭을 재고 약 10cm를 더하여 준비한다. 뒤판은 보디의 뒤중심에서 등너비선에 있는 프린세스 라인까지 폭을 재고 약 10cm를 더해 모슬린을 준비한다. 뒤옆판은 뒤 프린세스 라인에서 옆솔기까지의 가슴둘레선상에서 폭을 재고 거기에 약 10cm를 더하여 준비한다.

③ 앞판은 오른쪽 가장자리에서 2.5cm 떨어진 곳에 앞중심선(식서선)을 그리고, 전체 길이의 1/2 지점에 가슴둘레선(푸서선)을 그린다. 유두점을 표시한다.

④ 앞옆판 전체 폭의 1/2 지점, 전체 길이의 1/2 지점에 각각 안내선을 그린다.

⑤ 뒤판 왼쪽 가장자리에서 2.5cm 떨어진 곳에 뒤중심선(식서선)을 그리고, 윗가장자리에서 20cm 내려간 지점에 등너비선(푸서선)을 그린다.

⑥ 뒤옆판 전체 폭의 1/2지점(식서 방향), 윗가장자리에서 20cm 내려간 지점(푸서 방향)에 각각 안내선을 그린다.

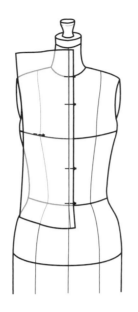

2) 앞판 드레이핑

① 드레스폼에 프린세스 라인을 따라 스타일테이프를 붙인다.

② 모슬린의 유두점을 드레스폼 유두점에 맞추어 핀을 꽂는다. 가슴둘레선 위아래 앞중심선에 핀을 꽂는다. 앞목점과 앞중심선 허리둘레선에 핀을 꽂아 고정한다.

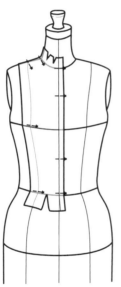

③ 목둘레선에 가윗밥을 주면서 편안하게 정리한다. 프린세스 라인을 지나도록 어깨 부위의 모슬린을 어깨선으로 넘겨 어깨 솔기를 정리하고, 프린세스 솔기 교차점에 핀으로 고정한다.

④ 허리둘레선을 찾기 위해 앞중심에서 모슬린을 정리하여 가윗밥을 주고 프린세스 솔기와의 교차점에 핀을 꽂는다.

⑤ 프린세스 라인을 따라 편안하게 조정하며 핀을 꽂는다.

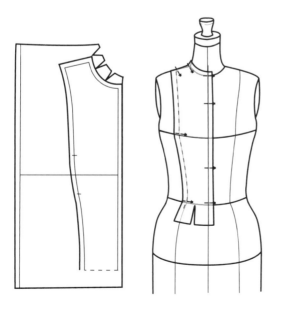

3) 마킹 및 완성선 정리

① 목둘레선에 점표시를 하고, 교차점에 십자표시를 한다. 허리둘레선에 점표시를 하고 교차점에 십자표시를 한다. 프린세스 라인에 점표시를 하고 유두점을 중심으로 위아래 5cm 지점에 노치를 표시한다.

② 모슬린을 드레스폼에서 떼어낸 후 허리둘레선을 제외한 점표시와 십자표시를 연결하여 완성선을 그리고, 시접을 1.3cm 남기고 정리한다. 다시 드레스폼에 올려 핀으로 고정한다.

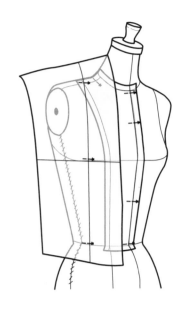

4) 앞옆판 드레이핑

① 앞옆판 푸서 안내선을 드레스폼의 가슴둘레선에 맞추면서, 수직 안내선은 드레이핑하고자 하는 앞옆판의 전체 면적의 가운데 부위 정도에 놓고 수직 안내선을 바닥과 직각이 되게 세운다.

② 수직 안내선을 잘 다스리면서 가슴둘레선 안내선의 교차점에 핀을 꽂는다.

③ 모슬린의 수직 안내선을 쓸어내려 허리둘레선 교차점에 맞추어 핀을 꽂는다. 수직 안내선을 위로 잡아가며 어깨솔기와 교차점에 핀을 꽂는다.

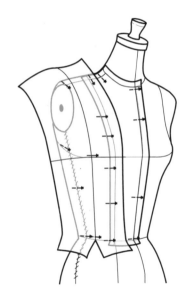

④ 수평 안내선을 가슴둘레선에 맞추어 핀으로 고정한다. 이때 앞판 위쪽과 암홀 쪽의 여유분을 생각하면서 수평선을 유지하며 핀을 꽂는다.

⑤ 허리둘레선 아래에 가윗밥을 주면서 허리둘레선을 편안하게 드레이핑한다.

⑥ 허리둘레선 프린세스 솔기쪽의 교차지점에 핀을 꽂는다. 가슴둘레선을 지나 어깨솔기 부분에서 모슬린을 잘 다스려 어깨솔기선을 찾고 핀을 꽂는다.

⑦ 프린세스 라인을 따라 유두점을 기준으로 하여 위아래 약 5cm 간격으로 핀을 꽂아 앞옆판을 앞판 위에 고정한다. 이때 유두점 부위에 생기는 여유분을 균등하게 나누어 핀을 꽂는다.

⑧ 옆솔기선과 허리둘레선 교차점에 핀을 꽂고 옆솔기를 편안하게 정리하여 겨드랑이 밑점과 옆솔기에 핀을 꽂는다.

5) 마킹 및 완성선 정리

① 프린세스 라인을 따라 점표시를 하고 교차점에 십자표시를 한다.

② 어깨솔기를 따라 점표시를 하고, 교차점에 십자표시를 한다. 겨드랑이 밑점에 십자표시를 한다.

③ 옆솔기에 점표시를 하고 교차점에 십자표시를 한다.

④ 허리둘레선에 점표시를 하고 교차점에 십자표시를 한다.

⑤ 앞판 프린세스 라인 위에 노치표시를 복사한다.

⑥ 모슬린을 드레스폼에서 떼어내어 허리둘레선을 제외하고, 모든 점표시와 십자표시를 연결하여 실선으로 그리고 시접을 1.3cm 남겨두고 잘라낸다(소매를 달 경우 상의 원형과 같이 소매 밑부분에 여유분이 첨가되어야 한다.).

※ 앞판과 앞옆판을 프린세스 라인의 가슴둘레선을 시작으로 합핀하고 노치 부위를 맞추어 합핀하여 편안하게 잘 맞는지 확인한다.

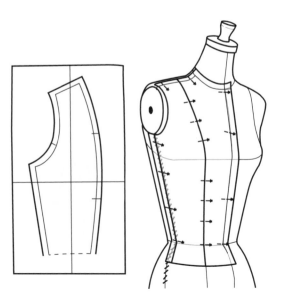

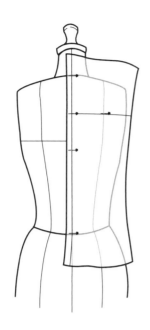

6) 뒤판 드레이핑

① 식서를 따라 뒤목점, 등너비선, 허리둘레점에 핀을 꽂는다.

② 등너비선을 따라 약간의 여유분을 주면서 디자인된 프린세스 라인과의 교차점에 핀을 꽂는다.

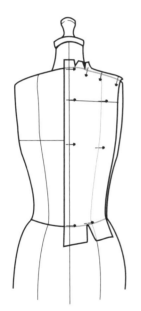

③ 허리둘레선을 찾기 위해 허리선 아래 모슬린 가장자리에서 모슬린을 정리하여 가윗밥을 주고 프린세스 솔기와의 교차점에 핀을 꽂는다.

④ 목둘레선에 가윗밥을 주면서 어깨솔기까지 편안하게 정리한다. 프린세스 라인을 지나도록 어깨선을 넘겨 어깨솔기를 정리하여 프린세스 교차점에 핀으로 고정한다.

⑤ 프린세스 라인선상에서 1cm 간격으로 2개의 노치표시를 한다.

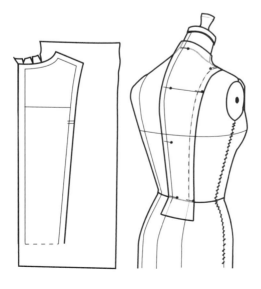

7) 마킹 및 완성선 정리

① 목둘레선에 점표시를 하고, 교차점에 십자표시를 한다. 허리둘레선에 점표시를 하고, 교차점에 십자표시를 한다. 프린세스 라인에 점표시를 하고, 교차점에 십자표시를 한다.

② 모슬린을 드레스폼에서 떼어낸 후 허리둘레선을 제외하고 모든 점표시와 십자표시를 연결하여 실선으로 그리고, 시접 1.3cm를 남기고 정리한다. 다시 드레스폼에 올려 핀으로 고정한다.

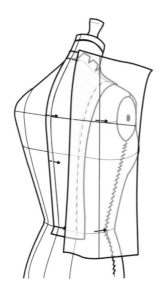

8) 뒤옆판 드레이핑

① 뒤옆판의 푸서안내선을 드레스폼의 등너비선에 맞추면서 드레이핑하고자 하는 뒤옆 패널의 가운데에 맞추어 수직 안내선을 바닥과 직각이 되게 세운다.

② 수직 안내선을 잘 다스리면서 등너비선 교차점에 핀을 꽂는다.

③ 모슬린의 수직 안내선을 허리둘레선 교차점에 맞추어 핀을 꽂는다. 수직 안내선을 위로 잡아가면서 어깨솔기교차점에 핀을 꽂는다. 필요하면 수직선을 따라 핀을 꽂는다.

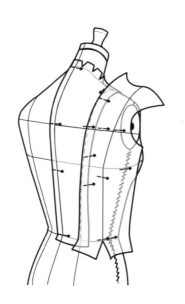

④ 수평 안내선을 등너비선에 맞추어 핀으로 고정한다. 이때 뒤판의 등너비선 윗부분과 암홀 쪽 여유분을 생각하면서 수평을 유지하며 핀을 꽂는다.

⑤ 허리둘레선 아래에 가윗밥을 주면서 허리둘레선을 편안하게 드레이핑한다.

⑥ 허리둘레선 프린세스 솔기쪽의 교차 지역에 핀을 꽂는다. 등너비선을 지나 어깨솔기 부분에서 모슬린을 잘 다스려 어깨솔기선을 찾아주고 핀을 꽂는다.

⑦ 뒤판 프린세스 라인에 맞추어 핀을 꽂는다.

⑧ 옆솔기와 허리둘레선 교차점에 핀을 꽂고 옆솔기를 편안하게 정리하여 겨드랑이 밑점과 옆솔기에 핀을 꽂는다.

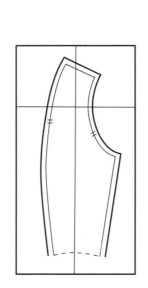
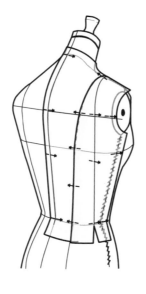

9) 마킹 및 완성선 정리

① 프린세스 라인을 따라 점표시하고 교차점에 십자표시를 한다. 더블노치를 복사한다.

② 어깨솔기를 따라 등너비선까지 점표시를 하고, 교차점에 십자표시를 한다. 겨드랑이 밑점에 십자표시를 한다.

③ 옆솔기에 점표시를 하고, 교차점에 십자표시를 한다.

④ 허리둘레선에 점표시를 하고 교차점에 십자표시를 한다.

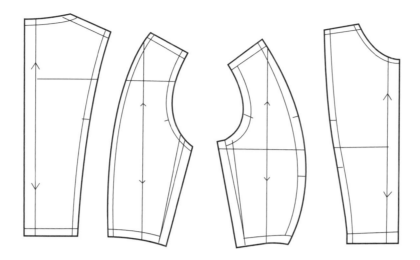

⑤ 모슬린을 드레스폼에서 떼어내어 허리둘레선을 제외한 점표시와 십자표시를 연결하여 실선으로 그리고 시접을 1.3cm 남기고 정리한다.

⑥ 이미 완성된 앞판 패널과 뒤판 패널을 내려놓고 옆선 아래로 허리둘레선에 약 0.6cm의 움직임에 필요한 최소한의 여유분을 더하여 허리둘레선 앞중심에서 직각으로 시작하여 뒤중심에서도 직각으로 끝나는 자연스러운 허리둘레선을 그린 후, 시접을 정리하여 완성한다.

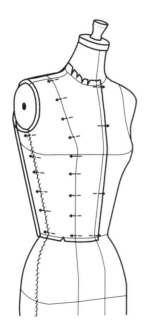

※ 모슬린을 합핀하여 드레스폼에 올려 핀으로 고정한 후 피팅감과 밸런스를 확인한다.

2. 토르소 프린세스 라인

토르소 프린세스 라인은 솔기선이 몸에 잘 맞으면서도 자연스러운 곡선의 실루엣을 만들어낸다. 어깨나 암홀 등에서 시작된 디자인 라인이 엉덩이둘레선 이하의 헴라인까지 연장되는 형태이다. 슬림한 드레스, 패셔너블한 정장 상의 재킷 및 블라우스, 스포츠웨어까지 다양한 패션 디자인에 활용되고 있는 라인이다.

1) 모슬린 준비

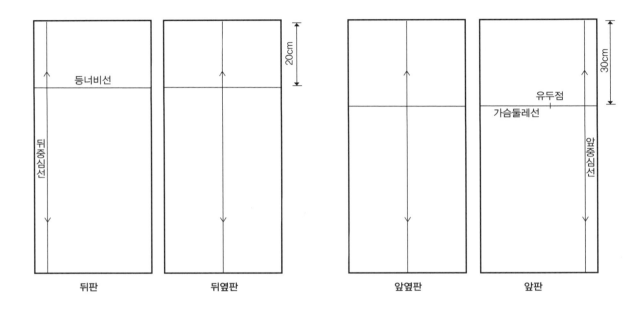

① 패널의 너비와 길이는 프린세스 라인 원형에서 설명한 바와 같이 적용시키고, 토르소 길이를 위해 디자인에 따라 원하는 길이에 여유분 10cm를 더하여 준비한다.

② 앞판 오른쪽 가장자리에서 2.5cm 들여 앞중심선을 그리고, 앞옆판 전체 폭의 1/2 지점에 안내선을 그린다. 앞판, 앞옆판 위가장자리에서 30cm 내려 가슴둘레선을 그린다.

③ 뒤판 가장자리에서 2.5cm 들여 뒤중심선을 그리고, 뒤옆판 전체 폭의 1/2 지점에 안내선을 그린다. 뒤판, 뒤옆판 위가장자리에서 20cm 내려 등너비선을 그린다.

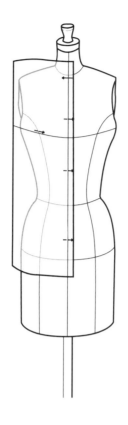

2) 앞판 드레이핑

① 원하는 프린세스 라인을 앞뒤로 디자인하여 드레스폼에 스타일테이프로 고정한다.

② 모슬린의 유두점을 드레스폼의 유두점에 맞추어 핀을 꽂고 앞목점, 가슴둘레선의 위아래, 허리둘레선을 지나 토르소 위치에 핀을 꽂는다.

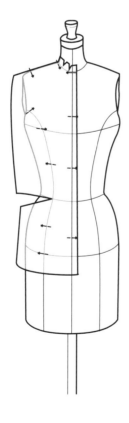

③ 네크라인 부위의 불필요한 모슬린을 제거하기 위해 가윗밥을 넣고 목둘레선을 찾아 정리한 후 옆목점에 핀을 꽂는다.

④ 어깨솔기를 정리하여 핀을 꽂고 디자인된 암홀라인 솔기를 따라 핀을 꽂으면서 정리한다.

⑤ 프린세스 라인의 허리둘레선 근처에 가윗밥을 넣고, 허리둘레선 부위에서 원하는 핏에 따라 여유를 주면서 실루엣을 정리하여 핀을 꽂아준다.

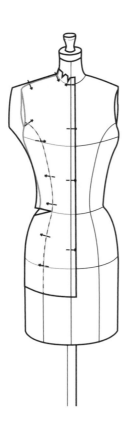

3) 마킹 및 완성선 정리

① 앞중심선과 목둘레선 교차점에 십자표시하고 목둘레선에 점 표시한다.

② 목둘레선과 어깨선 교차점에 십자표시하고 어깨점에 점표시 한다.

③ 어깨 끝점과 암홀 교차점에 십자표시하고 진동선은 5cm 정 도 점표시한다.

④ 암홀선과 프린세스 라인 교차점에 십자표시하고 프린세스 라 인에 점표시한다.

⑤ 프린세스 라인과 토르소 라인 교차점에 십자표시하고, 토르 소 라인에는 점표시한다.

⑥ 프린세스 라인 노치표시, 허리둘레선 교차점에 노치표시를 한다.

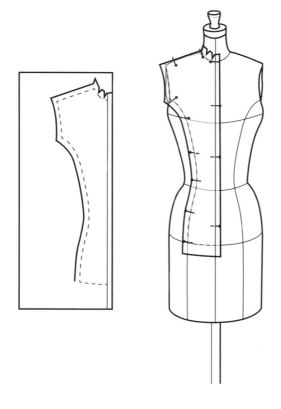

※ 모든 점표시와 십자표시를 연결하여 완성선을 그리고 시접을 1.3cm 준 뒤 정리한다. 완성된 패널을 드레스폼 위에 올려놓 고 피팅감과 밸런스를 확인한다.

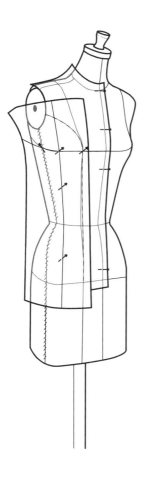

4) 앞옆판 드레이핑

① 앞옆판 모슬린의 가슴둘레선이 드레스폼 가슴둘레선에 맞도록 위치
   시키고, 모슬린의 식서선(중심선)은 드레스폼의 앞옆판 가운데 지점
   에 위치시킨다. 이때 모슬린의 수직선이 바닥과 직각이 되도록 한다.

② 가슴둘레선과 중심선 교차점에 핀을 꽂고, 중심선을 따라 자연스럽
   게 핀을 꽂아가면서 내려 허리둘레선은 앞판의 여유분과 밸런스를
   맞추어 여유분을 주면서 토르소 위치에 핀을 꽂아 고정한다.

③ 가슴둘레선은 좌우 수평을 맞추어 핀을 꽂고, 드레스폼 옆솔기 교차
   점에도 핀을 꽂는다.

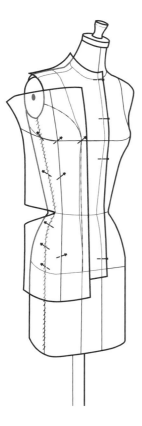

④ 옆솔기에 허리둘레선을 향하여 수평으로 가윗밥을 준 뒤, 허리둘레
   선 앞판의 허리둘레선 부위와 밸런스를 맞추어 여유분을 주면서 정
   리하고, 옆솔기의 토르소 라인을 따라 핀을 꽂는다. 이때의 여유분
   이 디자인의 실루엣을 결정하는 요인이 된다.

⑤ 암홀 프린세스 라인을 잘 다스려 드레이핑한 뒤, 불필요한 모슬린을
   정리하면서 앞판의 디자인 라인을 따라 핀을 꽂는다.

⑥ 프린세스 솔기쪽에 있는 허리둘레선에 수평으로 가윗밥을 주고, 앞
   판과 옆솔기의 허리 부위 여유분을 맞추어준다. 앞판의 디자인에 맞
   추어 토르소 라인을 따라 내려가면서 핀을 꽂는다.

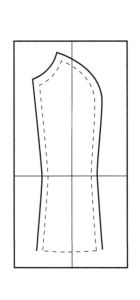
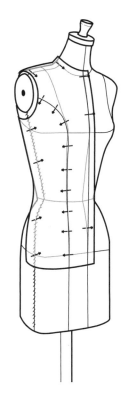

5) 마킹 및 완성선 정리

① 프린세스 솔기의 디자인 라인에 점표시하고 교차점에 십자표시를 한다.

② 옆솔기에 점표시하고 겨드랑이 밑점과 토르소 라인 교차점에는 십자표시를 한다.

③ 프린세스 라인과 허리둘레 교차점에 노치표시를 한다.

④ 드레스폼에서 떼어내어 점표시와 십자표시를 연결하여 완성선을 그리고, 시접 1.3cm를 두고 잘라내어 정리한다.

※ 앞판과 맞추어 합핀하여 드레스폼에 올리고 피팅감과 밸런스를 확인한다.

6) 뒤판 드레이핑

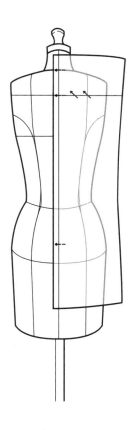

① 모슬린의 뒤중심선을 드레스폼의 뒤중심선에 맞추어 핀을 꽂는다. 이때 허리둘레 부위는 여유분을 살리면서 토르소 위치에 핀을 꽂는다.

② 모슬린의 수평 라인을 드레스폼의 등너비선에 맞추어 프린세스 라인 솔기의 교차점까지 핀을 꽂는다.

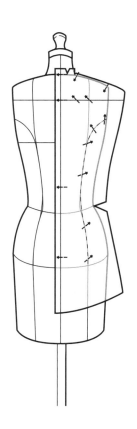

③ 목둘레선에 가윗밥을 주면서 정리하여 어깨솔기 교차점까지 핀을 꽂는다. 어깨솔기를 잘 다듬어서 어깨 끝점에 핀을 꽂는다.

④ 프린세스 솔기선을 따라 핀을 꽂아 내려오면서 허리둘레선 부위에 가윗밥을 낸다. 실루엣을 고려하여 여유를 주며 드레이핑하고, 핀을 꽂으면서 토르소의 길이를 결정한다. 허리둘레 부분의 여유분을 줄 때는 앞판의 드레이핑된 부분과의 밸런스를 확인하며 드레이핑한다.

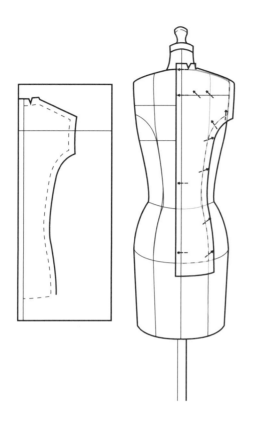

7) 마킹 및 완성선 정리

① 뒤중심선과 목둘레선 교차점에 십자표시하고 목둘레선에 점표시한다.

② 옆목점과 어깨선 교차점에 십자표시하고 어깨선에 점표시한다.

③ 어깨 끝점에 십자표시하고 암홀선에 점표시한다.

④ 암홀선과 프린세스 라인 교차점에 십자표시하고 프린세스 라인에 점표시한다.

⑤ 프린세스 라인과 토르소 라인 교차점에 십자표시하고 토르소 라인에 점표시한다. 토르소 라인과 뒤중심선 교차점에 십자표시한다.

⑥ 프린세스 라인에는 노치표시, 허리둘레선 교차점에도 노치표시를 한다.

※ 모든 점표시와 십자표시를 연결하여 완성선을 그리고, 시접 1.3cm를 남기고 정리한다. 완성된 패널을 드레스폼 위에 올려놓고 피팅감과 밸런스를 확인한다.

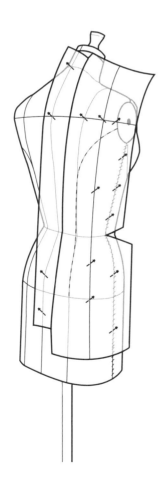

8) 뒤옆판 드레이핑

① 모슬린의 수평선을 드레스폼의 등너비선에 맞추어 위치시키고, 모슬린의 수직선을 드레스폼의 가운데 지점에 맞추어 바닥과 직각이 되게 위치시킨다.

② 수평선은 암홀라인 쪽으로 핀을 꽂아 고정시키고, 프린세스 솔기 교차점까지 핀을 꽂아 고정한다.

③ 수직선의 방향을 아래로 편안하게 다스려 핀을 꽂는다.

④ 옆솔기선쪽 허리둘레선에 가윗밥을 넣고 뒤판 허리 부위의 여유를 생각하면서 옆솔기를 정리하고 핀을 꽂아 고정한다.

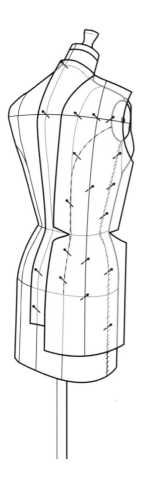

⑤ 프린세스 라인의 솔기를 따라 핀을 꽂아 고정하고, 허리둘레선 쪽에 가
  윗밥을 넣는다.

⑥ 뒤판의 프린세스 라인 솔기와 맞추면서 솔기를 따라 핀을 꽂는다. 이때
  허리둘레선 부위는 뒤판과의 밸런스를 모두 맞추어주어야 한다.

9) 마킹 및 완성선 정리

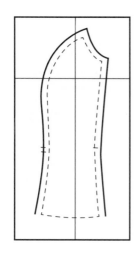

① 프린세스 라인 솔기에 점표시를 하고, 교차점에 십자표시를 한다.

② 토르소 길이에 점표시를 하고 교차점에 십자표시를 한다. 이때 허리둘레
  선, 뒤판 프린세스 라인에 더블노치표시를 한다.

③ 어깨솔기 점표시, 암홀 교차점과 프린세스 솔기 교차점에 십자표시를
  한다.

④ 옆솔기선 점표시하고 겨드랑이 밑점과 토르소 길이에 십자표시를 한다.

⑤ 모슬린을 드레스폼에서 떼어내고, 모든 점표시와 십자표시를 연결하여
  완성선을 그린 후 시접 1.3cm를 남기고 정리한다.

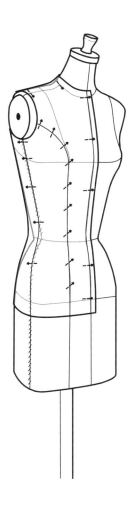

※ 정리된 패널 4장을 연결하여 합핀한 후, 드레스폼에 다시 올려 피팅감과
　밸런스를 확인한다.

COLLARS

CHAPTER 11
칼라 디자인

1. 만다린 칼라　　　만다린 칼라는 옷깃이 목을 둘러싸는 모습에서 유래되었고 스탠드 칼라의 형태를 지니고 있다. 칼라는 너비나 목둘레와의 간격에 따라 다양한 형태 변화를 시도할 수 있다. 밀리터리 효과를 위해 폭이 넓고 목둘레에 더 가깝게 밀착시키거나, 뒤를 오픈한 밴드 타입의 폭이 좁은 칼라 등의 디자인으로 변형할 수도 있으며 셔츠 칼라의 밴드용 등 다양한 형태로 적용할 수 있다.

1) 모슬린 준비

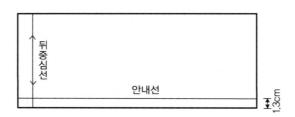

① 모슬린의 식서 방향은 원하는 칼라의 높이에 약 5cm를 더하여 준비하고, 푸서 방향은 뒤중심에서 앞중심까지 목둘레선을 측정하고 약 10cm를 더하여 준비한다.

② 왼쪽 가장자리에서 2.5cm 들여서 식서 방향으로 뒤중심선을 그린다.

③ 모슬린의 아래 가장자리에서 1.3cm 위쪽으로 푸서 방향의 안내선을 그린다.

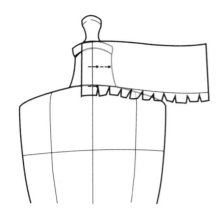

2) 드레이핑

① 먼저 원하는 디자인에 따라 칼라의 형태를 드레스폼에 테이핑한다.

② 안내선 아래 시접 부분에 약 1.5cm 간격으로 가윗밥을 넣는다.

③ 모슬린의 뒤중심선과 안내선의 교차점 위치를 드레스폼의 목둘레선과 뒤목중심 교차점에 맞추고 뒤목중심선에 모슬린의 뒤중심선을 맞추어 핀을 꽂는다. 이때 설정된 칼라의 높이 부위에 모슬린의 뒤중심과 만나는 교차점에 핀을 고정시킨다.

④ 모슬린의 안내선을 드레스폼의 목둘레선에 맞추어 핀을 꽂되, 옆목점 부위부터는 모슬린과 드레스폼 사이의 여유분을 확인하면서 앞목점으로 올 때 앞목점과 안내선이 맞아떨어지는 정도에서 모슬린의 안내선보다 약 1.5cm 올라간 지점 정도에 드레스폼 앞목점에 맞추어 핀을 꽂는다.

⑤ 뒤목중심부터 앞중심까지 원하는 넓이로 목둘레선과 평행을 이루는지 확인하면서 모슬린 위에 테이핑을 하여 디자인 라인을 설정한다. 이때 테이프 대신 펜이나 연필로 원하는 칼라의 라인을 정할 수 있다.

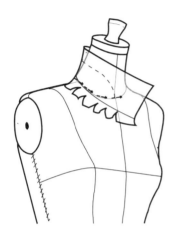

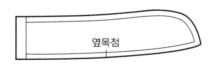

옆목점

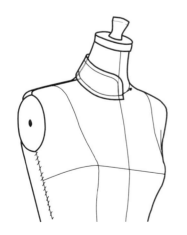

3) 마킹 및 완성선 정리

① 테이핑한 칼라의 디자인 라인을 따라 점표시를 하고, 교차점에는 십자표시를 한다.

② 칼라를 드레스폼에서 떼어내어 점표시와 십자표시를 연결하여 완성선을 그린다.

③ 시접을 1.3cm 남기고 정리한다.

※ 정리된 모슬린을 드레스폼에 다시 올리고 뒤틀림이나 늘어남 없이 목둘레선을 따라 편안하게 맞는지 확인한다.

2. 컨버터블 칼라

컨버터블 칼라는 롤오버 칼라의 네크라인 구조를 이루고 있다. 해당 칼라의 외형은 다양한 형태로 디자인될 수 있는데, 앞중심 여밈 부분을 열면 스포츠 칼라의 형태를 띠기도 한다. 칼라의 뒤중심 쪽은 곧고 높게 세우거나 뒤쪽으로 접어서 연출할 수도 있다.

네크라인은 브이넥부터 라운드넥까지 목둘레선에 따라 얼마든지 변형할 수 있으며 칼라의 형태 또한 다양하게 바꿀 수 있다.

1) 모슬린 준비

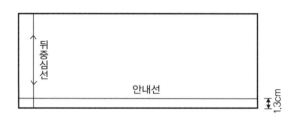

① 모슬린의 식서 방향은 원하는 칼라의 높이에 약 10cm를 더하여 준비하고, 푸서 방향은 뒤중심에서 앞중심까지 목둘레선을 측정하여 약 10cm 더해서 준비한다.

② 왼쪽 가장자리에서 2.5cm 들어와 식서 방향으로 뒤중심선을 그린다.

③ 모슬린의 아래 가장자리에서 1.3cm 위쪽으로 푸서 방향의 안내선을 그린다.

④ 뒤중심선과 안내선을 모슬린의 뒷면에 복사한다.

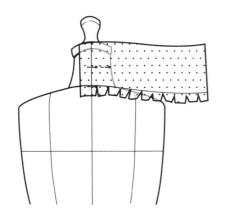

2) 드레이핑

① 먼저 원하는 디자인에 따라 목둘레선을 드레스폼에 테이핑한다.

② 안내선 아래 시접 부분에 약 1.5cm 간격으로 가윗밥을 넣는다.

③ 모슬린의 뒤중심선을 만다린 칼라와 같이 드레스폼의 뒤목중심선에 맞추어 핀으로 고정한다.

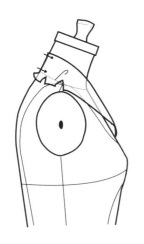

④ 칼라 스탠드 분량만큼 접어 내린 후 뒤중심선에 핀으로 고정한다.

⑤ 칼라의 스탠드 분량은 앞목점에서는 없어질 수 있도록 조정하여 새로운 앞목점이 디자인 지점에 자연스럽게 맞추어질 수 있도록 핀을 꽂는다.

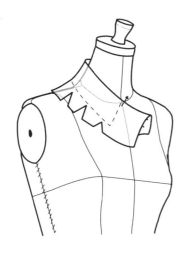

⑥ 접어 내린 칼라를 어깨쪽으로 내려놓으면서 앞 부위 칼라의 원하는 폭을 결정하여 모슬린 위로 테이핑을 하고 설정된 칼라 라인 직전까지 가윗밥을 넣어가며 칼라의 형태를 잡아나간다.

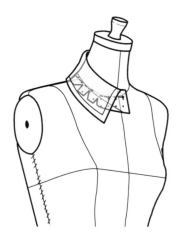

⑦ 원하는 칼라의 폭과 모양을 결정하기 위해 한 번 더 접힌 바깥 칼라 쪽과 목둘레선의 아래쪽에 있는 모슬린을 함께 손질하여 목둘레선과 칼라 형태가 편안해지도록 한다. 칼라는 어깨 위에 자연스럽게 놓여야 하고, 앞중심은 매끈하게 떨어져야 한다.

⑧ 원하는 칼라의 형태를 모슬린 위쪽에서 스타일테이프로 테이핑한다. 스타일테이프는 뒤목중심에서 시작하여 원하는 너비로 앞중심까지 테이핑 처리되어야 한다.

3) 마킹 및 완성선 정리

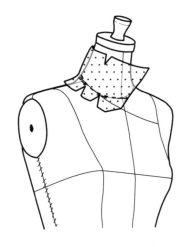

① 완성된 칼라의 접힌 부분을 세우고 뒤목점부터 목둘레선의 앞목점까지 목둘레선을 따라 점표시하고 옆목점, 앞중심 교차점에 십자표시를 한다.

② 칼라를 다시 접어 내려놓고 스타일테이프를 따라 점표시를 한다. 교차점에 십자표시를 한다.

③ 칼라를 드레스폼에서 떼어내어 앞면으로 복사한 뒤 점표시와 십자표시를 연결하여 완성선을 그린다.

④ 시접을 1.3cm 남기고 정리한다.

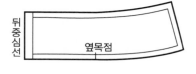

뒤중심선

옆목점

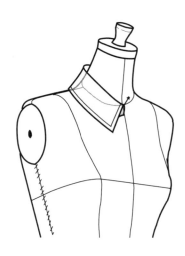

※ 정리된 모슬린을 드레스폼에 다시 올리고 뒤틀리거나 늘어남 없이 목둘레선을 따라 편안하게 맞는지 확인한다.

3. 피터팬 칼라

피터팬 칼라는 목둘레선에서 작게 말려서 동그랗게 볼륨을 지닌 채 누워 있는 형태이다. 이 칼라의 너비는 좁은 폭에서 넓은 폭으로 다양하게 바꿀 수 있다. 칼라의 바깥쪽 디자인선을 변화시키면 여러 가지 다양한 변화를 줄 수 있다.

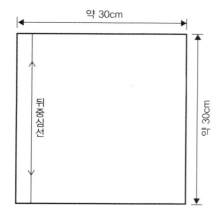

1) 모슬린 준비

① 모슬린은 식서 방향으로 약 30cm, 푸서 방향으로 약 30cm를 준비하여 정사각형으로 만든다. 칼라의 크기에 따라 원단의 크기는 조절할 수 있다.

② 왼쪽 가장자리에서 2.5cm 들어와 식서 방향으로 올을 따라 뒤중심선을 그린다.

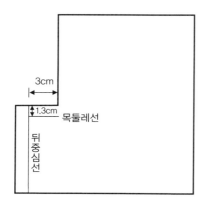

③ 뒤중심선의 약 1/2 지점에서 푸서 방향으로 약 3cm의 목둘레선을 그린다.

④ 목둘레선에서 1.3cm 올라간 지점으로 시접 분량을 남기고 나머지 부분을 그림과 같이 직각으로 잘라낸다.

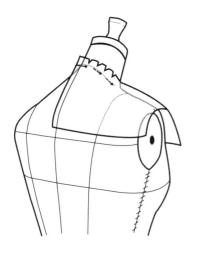

2) 드레이핑

① 먼저 원하는 디자인에 따라 목둘레선을 드레스폼에 테이핑한다.

② 모슬린의 뒤중심선과 목둘레선을 드레스폼의 뒤중심선과 목둘레선에 맞추어 핀을 꽂아 고정한다.

③ 모슬린의 직각으로 잘라낸 부분이 뒤중심부터 앞쪽으로 목둘레선을 따라 내려오면서 드레스폼 위에 편안하게 올라갈수 있도록 가윗밥을 넣어주면서 앞쪽까지 드레이핑한다.

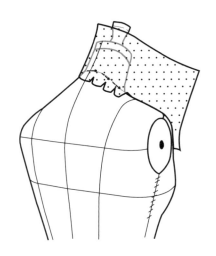

④ 칼라를 드레스폼에서 떼어낸 후 모슬린을 그림과 같이 뒤집은 다음 드레스폼의 뒤목중심선에 칼라의 뒤중심선을 맞추어놓는다. 핀을 옆목점 정도까지 꽂고 나머지 모슬린은 앞중심선 쪽으로 보낸다.

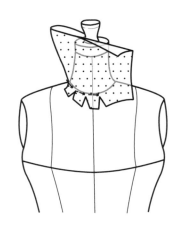

⑤ 앞목둘레선의 언저리를 잘 펼치면서 목둘레선을 자연스럽게 따라가 도록 핀을 꽂는다.

⑥ 전체 모슬린의 앞중심 부위의 앞자락에서 정바이어스 방향으로 모 슬린을 접어 앞목둘레선의 중심선에 가상의 모슬린 중심선을 잡는 다. 앞목둘레선 부위를 잘 펼치면서 목둘레선을 자연스럽게 따르도 록 핀을 꽂는다.

⑦ 뒤목중심에서 원하는 분량의 칼라 폭을 정하고 접어서 뒤목둘레선 을 덮으면서 뒤목중심에 핀을 꽂는다. 이 폭을 앞중심까지 가지고 오면서 칼라 형태를 잘 다듬어 목둘레선 앞중심선 교차점 쪽으로 자 연스럽게 놓이도록 조정한다. 자연스러운 형태를 위해서는 접은 칼 라를 다시 세우고 위쪽 칼라 모양과 목둘레 아래쪽의 모양을 함께 조정해야 한다.

⑧ 접힌 칼라를 다시 잘 내려놓고 계획하는 칼라의 디자인 라인을 설정 하고 거기에 근접하도록 가윗밥을 넣으면서 아랫부분(목둘레선)과 윗쪽 부분(칼라 디자인)을 동시에 잘 정리한다.

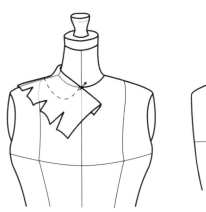 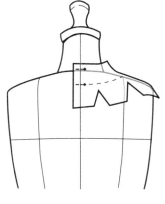

⑨ 칼라의 디자인 라인을 최종적으로 결정하기 위해 뒤중심부터 시작하여 원하는 칼라 라인을 스타일테이프로 결정한다.

※ 칼라의 뒤중심이 드레스폼의 뒤중심 위에 정확히 놓여 있는지 확인한다.

※ 칼라의 디자인 라인은 뒤중심선 시작 부위가 약 2.5cm 정도 수평을 유지해야 식서 방향으로 칼라의 뒤중심이 곧은선을 유지할 수 있다.

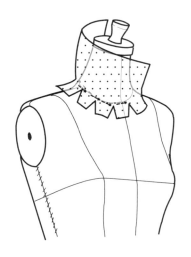

3) 마킹 및 완성선 정리

① 칼라를 세워서 뒤목점에서 옆목점까지 원하는 칼라의 목둘레선에 점표시를 한다.

② 어깨솔기와 뒤중심, 앞중심 목둘레선에 십자표시를 한다.

③ 칼라를 내려서 칼라의 디자인 라인에 점표시하고 앞중심 교차점에 십자표시를 한다. 이는 목둘레선의 앞중심 십자표시와 일치한다.

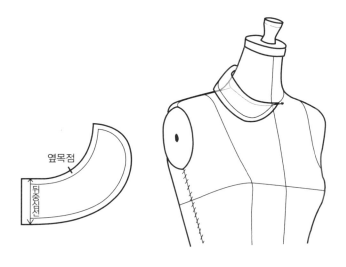

④ 드레스폼에서 칼라를 떼어낸 후 각 표시점과 십자표시를 연결하여 실선으로 완성한다. 약 0.6cm만큼의 시접을 더하고 필요 없는 부분의 모슬린은 잘라내어 완성한다.

※ 완성된 칼라를 드레스폼에 다시 올리고 정확도와 밸런스를 확인한다. 조임이나 늘어남 없이 목둘레선 주변에 적당한 여유분을 지닌 채 잘 드레이핑되었는지 확인한다.

4. 숄칼라

숄칼라는 몸판에서 형성된 라펠이 그대로 칼라의 패턴으로 연결된다. 칼라는 소재의 식서 방향이 유지되면서 뒤중심에 솔기선을 지닌 채로 제작된다. 칼라의 길이와 넓이, 그리고 형태는 다양하게 변화를 주어 디자인할 수 있다.

1) 모슬린 준비

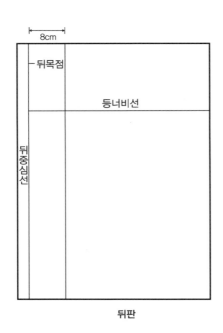

뒤판

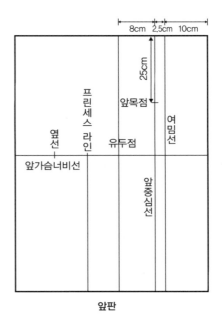

앞판

① 앞판 모슬린의 길이는 드레스품의 목밴드부터 결정된 기장까지의 길이에 약 30cm를 더하여 준비한다. 폭은 앞가슴너비선상에서 앞중심에서 옆솔기까지의 길이에 약 25cm를 추가하여 준비한다.

② 뒤판 모슬린의 길이는 드레스품의 목밴드부터 결정된 기장까지의 길이에 약 10cm를 더하여 준비한다. 폭은 등너비선상에서 뒤중심선에서 옆솔기까지의 길이에 약 10cm를 더하여 준비한다.

③ 모슬린의 오른쪽 가장자리에서 12cm 들여서 앞중심선을 그린다. 앞중심선에서 가장자리 쪽으로 2.5cm 나가서 평행하게 연장선(앞 여밈분)을 긋는다(이 폭은 단추의 폭에 따라 다른데 여기서 이야기하는 값은 약 2cm의 단추일 경우에 해당된다.).

④ 앞목점은 모슬린의 위쪽 가장자리에서 25cm 내려온 지점을 재고 노치표시한다.

⑤ 드레스품의 앞목점 앞가슴너비선까지의 길이를 재고, 모슬린의 앞목점에서 길이로 재어 노치표시를 하고 수평의 푸서 방향으로 앞가슴너비선을 그린다. 가로선상에서 유두점, 프린세스 라인, 옆선 위치에 노치표시를 하고 유두점과 옆선 위치의 중간 지점에 프린세스 라인의 노치점을 표시하고 아래 가장자리까지의 안내선을 그린다.

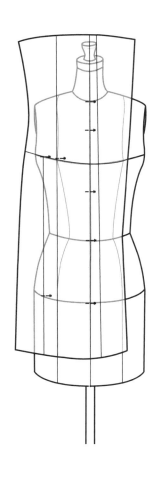

2) 드레이핑

① 모슬린의 유두점을 드레스폼의 제 위치에 맞추어놓고 핀을 꽂아 고정한다.

② 유두점에서 모슬린을 세워 앞중심선을 잘 맞추고 앞목점에서 엉덩이둘레선까지 핀을 꽂아 고정한다.

③ 모슬린의 푸서선을 드레스폼의 앞가슴너비선에 맞추어 수평되게 옆솔기 교차점까지 핀을 꽂는다.

④ 프린세스 라인이 바닥과 직각이 되도록 맞추어 핀을 꽂는다(여유분은 디자인에 따라 실루엣을 형성하는 데 필요한 분량으로 조정한다.).

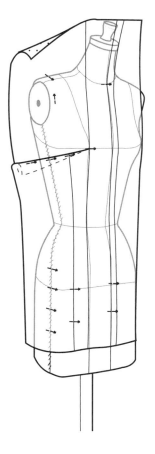

⑤ 옆솔기선을 프린세스 라인과 평행이 되게 맞추어 핀을 꽂는다.

⑥ 옆목점 부위의 모슬린 분량을 확보하고 어깨솔기까지 잘 다스리면서 어깨 끝점에 핀을 꽂는다.

⑦ 암홀의 못 기준 수평점의 약 0.6cm를 잡아 여유분을 주고 핀을 꽂아 고정한다.

⑧ 앞가슴너비선과 옆솔기와의 교차점에 있는 핀을 뽑아 모슬린이 푸서 라인 아래로 떨어지게 한다. 이때 생긴 여분의 모슬린을 앞가슴너비선 부분에서 안쪽으로 접으면 옆가슴다트가 된다. 이 가슴다트는 옆솔기 부분이 식서 방향을 맞추도록 하고 수직 방향으로 다트를 잡으면서 엉덩이둘레선까지 실루엣이 잘 떨어지도록 한다. 그러나 전체 실루엣에서 식서 방향으로 밸런스를 맞출 의사가 없을 때는, 이 다트 분량을 원하는 곳으로 옮겨 디자인을 조정할 수 있다.

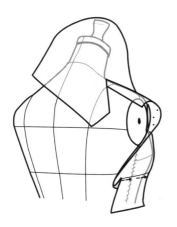

⑨ 어깨 부위에서 가슴너비선과 평행되는 모슬린의 가장자리 지점에서 어깨솔기에서 나란한 선이 되게 2.5cm의 여유를 주면서 가장자리 부터 잘라 들어간다. 이 커팅선은 목둘레선 어깨점, 즉 옆목점에서 2.5cm 못 미치는 지점까지 잘라 들어온다.

⑩ 남은 2.5cm는 45° 각도로 바꾸어 옆목점까지 잘라 들어간 후 옆목점에 핀을 꽂아 고정한다.

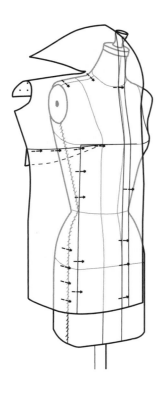

⑪ 여밈선 외 칼라의 라펠이 형성되기 시작하는 지점에 핀을 꽂는다. 연장선 밑으로 토르소 라인까지 핀을 꽂는다.

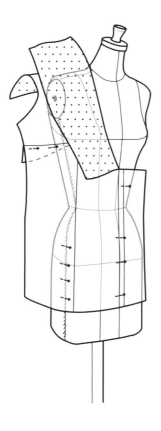

⑫ 모슬린의 오른쪽 가장자리에서 칼라의 라펠이 시작되는 지점까지
수평으로 가윗밥을 넣는다.

⑬ 라펠 시작점에서 옆목점까지 모슬린을 접어 라펠과 칼라의 전체적
크기를 생각한다.

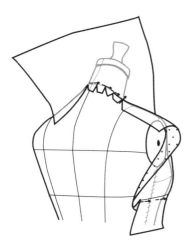

⑭ 옆목점에서 45° 각도로 잘린 모슬린을 뒤로 들어올린다.

⑮ 모슬린이 옆목점부터 보디의 뒤목중심 주위로 가도록 뒤목둘레선을
드레이핑할 때, 어깨솔기와 나란한 선이 되게 잘린 부위에 가윗밥을
주면서 다듬어 뒤목둘레선에 맞추어 핀을 꽂는다.

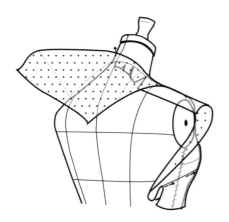

⑯ 뒤목중심에서 원하는 만큼의 모슬린을 접어 칼라의 폭으로 결정하고, 뒤중심의 위로 접은 부위에 핀으로 고정시킨다 (뒤중심에서 칼라가 밑으로 처지지 않고 서 있게 하기 위함이다.).

⑰ 스타일테이프로 칼라의 형태를 뒤중심에서부터 앞여밈 부분으로 테이핑하여 붙여나간다.

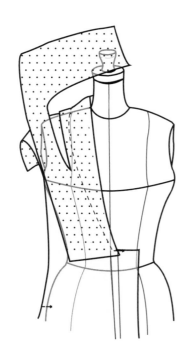

⑱ 결정된 칼라 라인 이외에 필요 없는 모슬린을 뒤중심 가장자리부터 잘라 내려와 전환점 핀쪽으로 자를 때 테이핑한 칼라 라인 밖 가장자리로 여유분을 남겨두고 잘라낸다.

⑲ 칼라를 세우고 칼라가 접히는 부분 안쪽의 뜨는 분량을 반달형(가는) 다트로 처리해준다. 이 다트는 목둘레선 어깨 끝점에서 시작되고 재킷의 앞중심선 쪽으로 형성되면서 점점 없어지도록 핀으로 잡아낸다.

⑳ 뒤판은 토르소 원형과 같이 또는 앞판의 실루엣에 맞도록 디자인하여 마무리한다.

※ 본 장에서는 숄칼라 드레이핑을 위한 앞판 드레이핑만 설명하도록 한다.

3) 마킹 및 완성선 정리

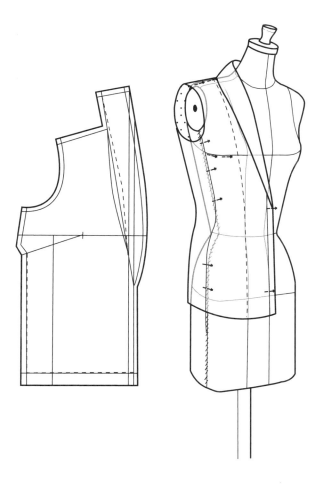

① 어깨솔기 점표시 및 교차점 십자표시를 한다. 칼라 뒤중심 점표시 및 십자표시를 한다.

② 반달형 다트의 칼라 주변 점표시 및 교차점 십자표시를 한다.

③ 암홀판 주위는 앞판은 못 기준 수평점까지, 뒤판은 등너비선까지 점표시한다.

④ 옆솔기와 다트의 점표시 및 교차점 십자표시를 한다.

⑤ 그 외 결정된 디자인의 아랫부분이나 허리둘레선에 노치표시를 한다.

⑥ 앞중심과 뒤중심의 교차점에 십자표시를 한다.

⑦ 보디에서 떼어내어 평면으로 옮긴 뒤, 모든 표시점과 십자표시를 연결하여 실선으로 그려 완성선을 그린다.

⑧ 칼라의 안단을 위해 앞판의 오른쪽 가장자리부터 어깨끝점까지 약 4cm, 밑단에서 약 8cm의 폭이 되게 라인을 자연스럽게 연결하고 그대로 복사하여 안단으로 준비한다(복사할 때 칼라가 접히는 쪽의 반달형 다트는 핀을 꽂은 채로 한다.).

⑨ 각 부분에 필요한 시접 분량을 추가하고 정리한다.

※ 앞·뒤판과 안단은 합핀하고 드레스폼에 올려 정확한 맞음새와 밸런스를 점검한다.

5. 노치드 칼라

노치드 칼라는 라펠과 분리되어 있는 칼라의 모든 형태를 통칭하는 말이다. 라펠과 칼라는 너비와 길이에 따라 그 형태가 다양하다. 부드러운 이미지부터 날카로운 이미지까지 다양하게 변화되어 슈트, 재킷, 코트, 블라우스 등 광범위하게 적용된다. 라펠과 분리된 이 칼라는 뒤목선으로 직선으로 연결되어 높은 칼라가 될 수도 있고, 곡선으로 연결되어 낮은 칼라가 될 수도 있다. 여기서는 칼라의 형태를 자세하게 다루기 위해 앞·뒤판의 보디스 부분을 디테일 없이 단순하게 처리하였다.

1) 모슬린 준비

뒤판   앞판

① 앞판의 길이는 드레스폼의 목밴드 부분에서 옷의 기장만큼의 길이를 재고 약 20cm를 추가한다. 뒤판은 결정된 옷의 기장에 약 15cm를 추가하여 준비한다.

② 앞판의 폭은 중심에서 옆솔기까지의 길이에 약 30cm를 더하고, 뒤판은 약 15cm를 더하여 준비한다.

③ 앞판 모슬린의 오른쪽 가장자리에서 12.5cm 들어간 지점에 앞중심선을 그린다.

④ 앞중심선에 평행되게 여밈 부분을 위한 여밈선을 그린다. 싱글 상의는 2.5cm, 더블일 때는 5~7cm 정도의 폭이 필요하다.

⑤ 앞중심에서 모슬린의 가장자리에서 약 10cm 떨어진 곳에 앞목점을 표시한다.

⑥ 가슴둘레선의 위치를 결정하기 위해 드레스폼의 앞목점에서 앞가슴둘레선까지의 길이를 재서 모슬린상에 직각으로 수평선을 그린다.

⑦ 가슴둘레선 수평선상에 유두점을 표시하고 유두점을 지나는 수직 안내선을 그린다.

⑧ 앞중심으로 허리둘레선까지의 길이를 재고 엉덩이둘레선까지의 길이를 재서 푸서 방향의 수평선을 그린다.

⑨ 뒤판은 모슬린의 왼쪽 가장자리에서 약 2.5cm 들어간 지점에 뒤중심선을 그린다. 다시 약 8cm를 들여서 수직 안내선을 그린다.

⑩ 윗가장자리에서 뒤중심선상에서 약 7cm 들어간 지점에 뒤목점을 표시한다. 뒤목점에서 등너비선까지 길이를 재서 뒤중심선에 대한 직각으로 수평선을 그린다. 앞중심선에서 허리둘레선까지의 길이를 재고, 엉덩이둘레선까지의 길이를 재서 수평선을 그린다.

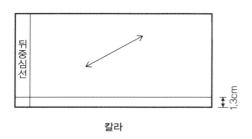

칼라

⑪ 편안한 칼라의 드레이핑을 위해 바이어스 방향으로 모슬린을 준비한다. 이 경우 안칼라로 사용되어야 한다.

⑫ 원하는 칼라의 길이와 폭을 재고 여유분을 약 10cm씩 더한다. 일반적인 칼라의 경우 길이 약 30cm, 폭 약 15cm가 필요하다. 왼쪽 가장자리에서 약 2.5cm 들어가서 뒤중심선을 그린다. 모슬린의 아래 가장자리에서 약 1.3cm 들어가서 목둘레선을 위한 안내선을 그린다. 뒤중심선과 앞에 그린 선을 뒷면으로 복사한다.

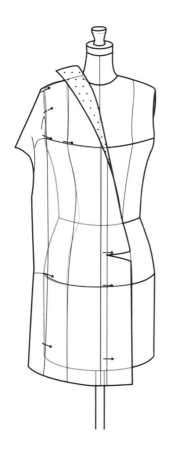

2) 앞판 드레이핑

드레이핑 하기 전 먼저 노치드 칼라의 디자인 라인과 라펠의 디자인 라인, 칼라의 목둘레선을 결정해서 테이핑한다.

① 숄칼라의 앞판 드레이핑 단계 ①~⑥까지와 동일하게 드레이핑한다. 단, 어깨 패드가 있는 재킷이라면 시작 전에 계획된 패드를 원하는 위치에 붙여놓은 상태에서 드레이핑을 한다.

② 겨드랑이 밑점에 핀을 꽂고 암홀둘레를 정리할 때 못 기준 중앙 옆점에 약 0.6cm 정도의 여유분을 찝어 핀을 꽂고 편안하게 다스려 어깨 끝점으로 자연스럽게 올려 핀을 꽂는다.

③ 모슬린을 쓸어올려 옆목점으로 붙이면서 옆목점 교차점에 핀을 꽂는다.

④ 어깨솔기에 남은 분량은 다트를 잡아준다.

⑤ 라펠 꺾임이 시작되는 지점에 핀을 고정하고, 토르소 끝점까지 핀을 꽂는다.

⑥ 모슬린 오른쪽 가장자리부터 라펠 꺾임이 시작되는 지점까지 수평으로 절개선을 넣는다.

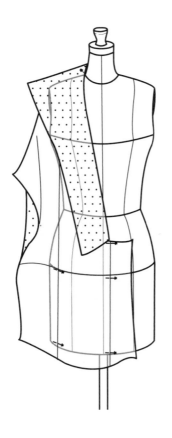

⑦ 옆목점과 어깨솔기 사이에 목둘레선으로 결정된 지점에 핀을 꽂고, 모슬린의 뒷면이 보이도록 라펠 꺾임선을 따라 라펠을 접는다. 이때 라펠 꺾임선에 자국이 남도록 힘 있게 접어둔다.

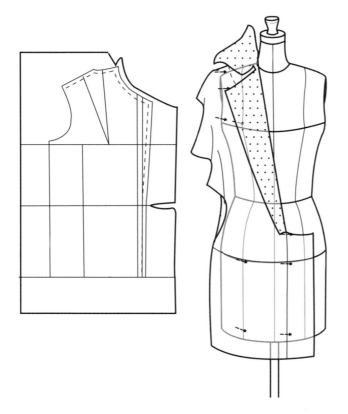

⑧ 앞판 목둘레선과 라펠의 가장자리로 연결되는 디자인라인을 결정하고, 약 3cm의 여유분을 남기고 모슬린을 잘라내어 정리한다.

⑨ 뒤판은 앞판의 실루엣에 맞도록 디자인하여 마무리한다. 본 장에서는 노치드 칼라 드레이핑을 위한 앞판드레이핑만 설명하도록 하겠다.

3) 마킹 및 완성선 정리

① 뒤목둘레선에 점표시하고, 교차점에 십자표시를 한다.

② 라펠 디자인선에 점표시를 하고, 교차점에 십자표시를 한다.

③ 어깨솔기에 점표시를 하고, 교차점에 십자표시를 한다.

④ 어깨다트에 점표시를 하고, 교차점에 십자표시를 한다.

⑤ 암홀에 점표시를 하고, 교차점에 십자표시를 한다.

⑥ 옆솔기에 점표시를 하고, 교차점에 십자표시를 한다.

⑦ 길이를 위한 앞판의 헴라인에 점표시를 하고, 교차점에 십자표시를 한다.

⑧ 드레스폼에서 모슬린을 떼어내어 모든 점표시와 십자표시를 연결하여 실선으로 그리고, 시접 여유분을 약 2.5cm로 충분히 남기고 잘라내어 정리한다.

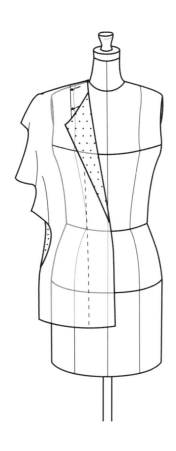

※ 다트는 핀을 꽂아 고정하고 다시 드레스폼에 올려서 전체적인 피팅감과 밸런스를 확인한다.

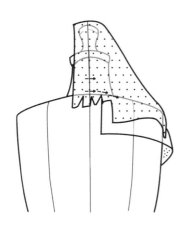

4) 칼라 드레이핑

① 칼라 드레이핑을 위해 드레스폼의 뒤목중심에 모슬린을 뒤집어 올려 목둘레선에 맞추어 핀을 꽂는다.

② 뒤목점에서 옆목점까지 목둘레선을 따라 가윗밥을 주면서 자연스럽게 드레이핑하고 네크라인을 따라 핀을 꽂는다.

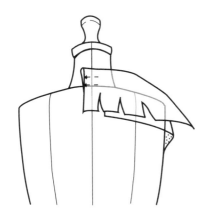

③ 원하는 칼라의 폭을 결정하여 칼라의 뒤중심에서 접어내려 핀을 꽂아 고정한다. 이때 접어 내린 모슬린이 뒤목중심에서 수직으로 내려오도록 한다.

④ 접어내린 칼라의 가장자리 쪽을 고르게 가윗밥을 주어서 자연스럽게 어깨 위로 떨어지게 한다.

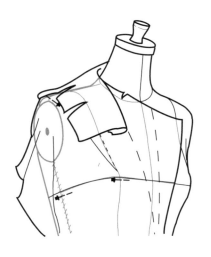

⑤ 칼라를 앞판 쪽으로 내리고 라펠을 펼친 상태에서 앞판의 라펠 꺾임
선을 따라 편안하게 내려놓는다.

⑥ 라펠을 칼라 위에 다시 자연스럽게 올린다. 이때 칼라와 라펠이 편안
하게 밀착될 수 있도록 모슬린 2장을 함께 잡아 잘 다스려준다.

⑦ 라펠 꺾임선상의 목둘레선에서 라펠과 칼라가 만나는 교차 지점에 칼
라와 라펠을 같이 집어 핀으로 고정하고 동시에 십자표시를 한다.

⑧ 칼라와 라펠의 가장자리를 원하는 디자인에 따라 테이핑하여 결정한다.

5) 마킹 및 완성선 정리

① 테이핑한 디자인 라인에 점표시를 하고 교차점에 십자표시를 한다.

② 칼라와 라펠의 두 교차점에 합핀한 핀은 그대로 둔 채 드레스폼에서 떼어내어 칼라가 붙어 있는 앞판과 함께 평평하게 잘 내려 놓는다.

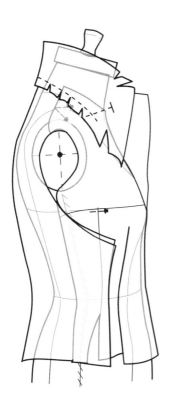

※ 칼라의 설명을 위해 뒤판을 추가한다.

③ 칼라와 라펠 교차점과 라펠 꺾임선상 칼라와의 교차점의 두 지점을 연결시켜 몸판 쪽으로 약 2.5cm가량 실선으로 연장시킨다.

④ 라펠 꺾임선에서 몸판 쪽으로 연장된 지점에서 뒤목둘레로 자연스럽게 실선으로 연결시켜 앞목둘레선으로 정한다.

⑤ 두 교차점을 합핀한 채 바닥에 먹지를 놓고 위에 세 지점과 실선으로 연결된 세 교차점과 앞목둘레선도 칼라 쪽에 복사한다.

⑥ 칼라와 앞판을 떼어내고 칼라 부분의 복사된 선을 다시 앞면으로 복사시켜 연결시킨다.

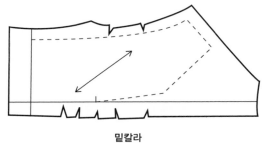

밑칼라

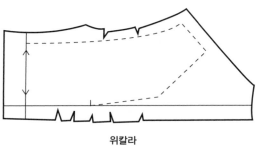

위칼라

⑦ 테이핑된 모든 곳을 표시점으로 정리하고, 교차점과 연결 완성선으로 조정한 후 시접을 약 0.6cm 첨가하고 정리한다.

⑧ 그림과 같이 모슬린의 뒤중심선을 식서 방향으로 한 칼라를 1개 복사한다. 바이어스로 드레이핑한 칼라는 밑칼라로 하고, 뒤중심을 식서 방향으로 한 칼라는 위칼라로 한다.

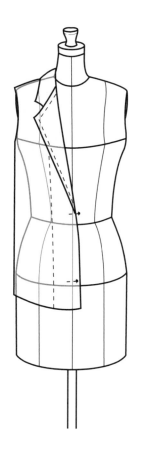

⑨ 안단을 숄칼라와 같은 방법으로 만들어준다.

※ 앞·뒤판과 안단을 합핀하고 드레스폼에 올려 정확한 맞음새와 밸런스를 확인한다.

MEMO

SKIRTS

CHAPTER 12
스커트 디자인

1. 플레어스커트 플레어스커트는 밑단으로 내려올수록 폭이 점점 넓어지는 형태이다. 플레어스커트는 드레이 핑할 때 소재의 올실 방향이 실루엣에 영향을 크게 미친다. 올실 방향은 ① 앞중심선을 식서 방향으로 드레이핑하는 경우와 ② 옆선을 식서 방향으로 드레이핑하는 경우, ③ 프린세스 라 인을 식서 방향으로 드레이핑하는 경우의 3가지로 나누어 드레이핑할 수 있다. 본 장에서는 앞중심선이 식서 방향인 스커트를 드레이핑하도록 한다.

1) 모슬린 준비

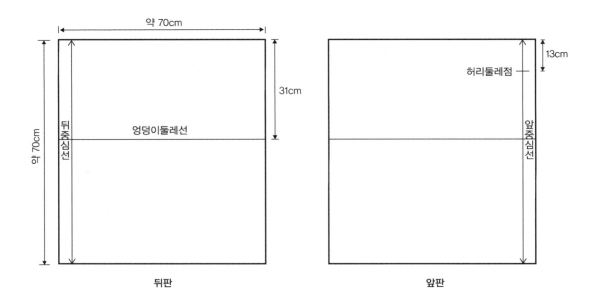

① 원하는 스커트의 폭과 길이에서 충분한 여유량을 주어 가로세로 약 70cm의 모슬린을 준비한다. 이 길이는 무릎 정도의 스커 트 길이를 디자인할 때 적용된 치수이다. 플레어의 양과 스커트 기장에 따라 더 많은 분량의 폭과 길이를 준비할 수도 있다.

② 앞판 오른쪽 가장자리에서 2.5cm 들여서 앞중심선을 그린다. 위에서 13cm 내려서 허리점을 그려주고, 17.5cm 더 내려서 엉 덩이둘레선을 그려준다.

③ 뒤판은 왼쪽 가장자리에서 2.5cm 들여서 뒤중심선을 그린다. 위에서 31cm 내려서 엉덩이둘레선을 그린다.

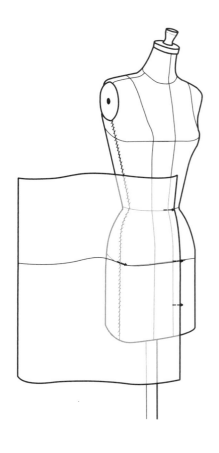

2) 앞판 드레이핑

① 모슬린의 앞중심선을 드레스폼의 앞중심선에 맞추고 중심선을 따라 허리둘레선, 엉덩이둘레선, 토르소 위치에 핀을 꽂은 후 모슬린을 옆선까지 잘 펼쳐준다. 일단 옆솔기의 엉덩이둘레선상에 가상으로 핀을 꽂아 고정한다.

② 전체 스커트를 기준으로 하여 플레어가 드레이프되었으면 하는 위치, 폭 또는 개수 등 플레어 실루엣의 계획을 세운다.

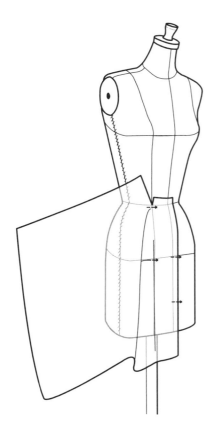

③ 앞중심을 기준으로 첫번째 플레어가 드레이프되었으면 하는 위치의 허리선상에 핀을 꽂고, 그 위치에서 수직으로 올라가 허리둘레선 교차점에 핀을 꽂고 위가장자리에서 수직 방향으로 가윗밥을 준다.

④ 옆솔기의 엉덩이둘레선에 꽂힌 핀을 빼고, 드레이프하고자 하는 분량의 플레어 폭을 옆솔기쪽 바깥의 여유분 모슬린에서 가져와서 밑으로 떨어뜨린다.

⑤ 원하는 분량을 조정하여 엉덩이둘레선 위치에 핀을 꽂아 분량을 확보한다.

⑥ 다음으로 플레어가 드레이프되었으면 하는 위치에다가 앞의 ③, ④, ⑤를 원하는 개수만큼 반복하여 처리한다.

⑦ 옆솔기까지 원하는대로 계속 플레어 폭을 만들고 난 후 옆솔기 선을 결정하여 허리점에서 토르소 위치까지 핀을 꽂는다.

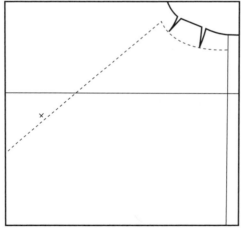

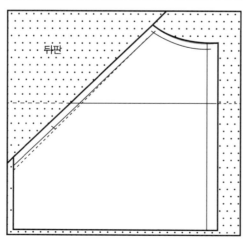

3) 마킹 및 완선성 정리

① 허리둘레선은 점표시하고, 옆솔기 교차점은 십자표시를 한다.

② 옆솔기는 점표시하고, 토르소 위치에는 십자표시를 한다. 이때 옆솔기선은 바이어스되어 뒤판과 바느질을 할 때 스트레칭되어 늘어지므로 플레어 분량을 빼앗게 된다. 따라서 소재와 바이어스 방향에 따라 필요한 분량을 토르소 위치에서 더해주고 이를 완성선으로 허리점으로 연결하여 시접을 정리한다. 이때 필요한 분량은 모슬린의 경우 약 0.3cm 정도 더해주는 것이며, 스트레치성이 많은 소재의 경우 특별히 조절해야 한다.

③ 허리둘레선의 점표시와 십자표시를 연결하여 실선으로 그리고 시접 처리하여 정리한다.

④ 앞판을 뒤판과 엉덩이둘레선에서 수평선을 맞추어 옆솔기선만 복사한다. 시접 분량은 모슬린의 끝까지 연장하고 허리교차점 십자표시를 복사한다.

⑤ 뒤판 옆솔기선의 시접을 정리하여 뒤판을 앞판과 옆솔기선에서 합핀하여 드레스폼에 다시 올린다.

4) 뒤판 드레이핑

① 앞판이 드레스폼에 잘 맞도록 드레이핑되었는지 확인하고 옆
   솔기선을 드레스폼에 잘 맞춘다.

② 뒤판은 옆솔기쪽부터 시작해서 앞판 드레이핑의 ③～⑥과 같
   은 방법으로 드레이핑을 반복한다.

③ 뒤중심선까지 원하는 대로 플레어 폭을 드레이프시키면서 뒤
   중심선을 결정한다.

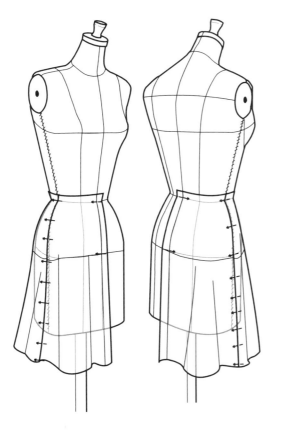

5) 마킹 및 완성선 정리

① 뒤판의 허리둘레선 및 뒤중심선에 점표시를 하고, 교차 지점
   에 십자표시를 한다.

② 드레스폼에서 앞·뒤판을 떼어낸 후 분리하여 뒤판의 표시점
   과 십자표시를 연결하여 실선 표시하고 시접을 정리한다.

③ 앞판과 뒤판을 다시 합핀하여 이어준 후 드레스폼에 올려놓
   고 실루엣을 체크한다.

④ 스커트의 단을 정리하기 위해 직각자를 바닥에 직각으로 세
   워 바닥에서 밑단까지의 길이를 일정하게 하여 스커트 길이
   를 측정하고, 단을 따라가며 3cm 간격으로 핀으로 집으면서
   핀으로 표시한다.

⑤ 드레스폼에서 떼어낸 후 점표시하면서 단의 핀을 제거한 후,
   자연스러운 곡선의 헴라인을 만들어 실선으로 표시한다.

⑥ 시접은 경우에 따라 약 1.5～2cm 정도로 더해주고 정리한다.

※ 다시 드레스폼에 올리고 앞·뒤판 허리둘레선을 체크하고 피
   팅감과 실루엣을 확인한다.

2. 페그 스커트 페그 스커트는 허리둘레선에서 엉덩이 부위까지가 풍성한 스커트로 밑단 쪽으로 내려오면서 슬림해지는 역원추형 실루엣을 지니고 있다. 페그 스커트는 드라마틱한 표현이 가능한 디자인으로 어떤 소재를 선택하느냐에 따라 형태가 매우 달라질 수 있고, 직선 올 방향을 어느 위치에 맞추느냐에 따라서도 실루엣을 다르게 표현할 수 있다.

여기서는 옆솔기에 절개선이 있는 디자인과 옆솔기에 절개선이 없는 디자인의 2가지 스커트 스타일을 알아보고자 한다.

[옆솔기선이 있는 페그 스커트]

1) 모슬린 준비

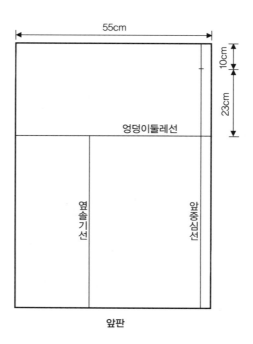

앞판

① 길이는 원하는 스커트 길이에 여유분 약 20cm를 더해 모슬린을 준비한다. 여기서는 무릎 길이의 스커트를 드레이핑하도록 한다.

② 폭이 110cm인 모슬린의 반쪽을 준비한다.

③ 앞판 패널의 오른쪽 가장자리에서 2.5cm 들여서 앞중심선을 그린다. 윗가장자리에서 10cm 내려와 허리점을 정하고 23cm 내려와 올실의 푸서 방향으로 엉덩이둘레선을 그린다. 실제 엉덩이둘레선에서 약 5cm 내려 선을 책정한 이유는 엉덩이 아래로 항아리의 볼륨감이 처지지 않게끔 그 선을 기준선으로 사용하기 위해서이다.

④ 드레스폼의 엉덩이둘레선상 앞중심 교차점에서 옆솔기까지 길이에 여유분 약 1cm 더하여 표시하고 밑단까지 옆솔기선을 그려준다.

※ 뒤판은 디자인에 따라 결정되므로 여기서는 설명을 생략한다.

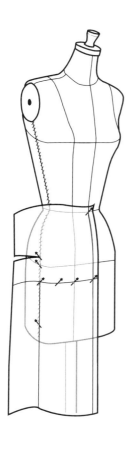

2) 드레이핑

① 모슬린의 앞중심선, 엉덩이둘레선, 옆솔기 교차점과 옆솔기선 밑인 토르소의 맨 아랫부분에다가 드레스폼에 맞추어 핀을 꽂는다.

② 이때 엉덩이둘레선은 드레스폼의 엉덩이둘레선에서 약 5cm 밑의 지점에 평행이 되도록 맞추어져야 하며, 여유분 1cm의 모슬린만 핀으로 꽂는다.

③ 옆솔기선상 위로 드레이프된 주름이 끝날 위치(어디서 시작하든)를 정하고 핀을 꽂는다.

④ 모슬린의 옆솔기 가장자리에서 원하는 곳에서 시작한 주름이 끝나는(핀이 꽂혀 있는) 지점에 수평으로 가윗밥을 넣는다.

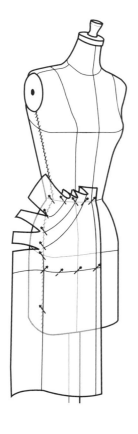

⑤ 옆솔기선 부위 가장자리에 있는 여분의 모슬린을 핀 꽂은 위치부터 잡아 올려 허리둘레 중심선 쪽이나, 또는 원하는 부위 어디든 향하게 하고 개더링, 턱, 플리츠 등 원하는 주름의 형태로 고정시킨다.

⑥ 허리선이나 어느 부위든 원하는 주름의 모양을 만들기 위해 필요한 만큼 위쪽으로 옆솔기에 핀을 꽂아주면서 가윗밥을 주고 주름 형태를 만드는 과정을 반복한다.

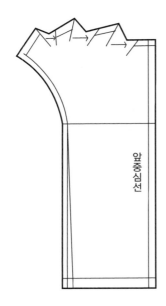

앞중심선

3) 마킹 및 완성선 정리

① 앞중심선 교차점에 십자표시하고, 허리둘레선에 점표시한다. 주름 위치 교차점 양쪽에 십자표시를 한다.

② 옆솔기 교차점에 십자표시를 하고, 옆솔기선에 점표시를 한다.

③ 드레스폼에서 분리하고 모든 점표시와 십자표시를 연결하여 완성선을 그린다. 이때 엉덩이 부위의 옆솔기선은 일반적인 옆솔기선과는 반대 방향으로 형성된다.

④ 주름을 잡은 부분의 접혀 들어가는 곳에다가 화살표로 주름 방향을 표시한다.

⑤ 주름의 모양이 잡히는 대로 합핀하여 허리둘레선을 만든 상태에서 1.3cm의 시접 분량을 첨가하고 나머지 모슬린을 정리한다.

⑥ 옆솔기선의 시접 분량을 1.3cm 남기고 모슬린을 정리한다. 헴라인 밑단의 분량을 5cm 남기고 모슬린을 정리한다.

⑦ 강조된 역원추형 실루엣을 원할 때는 타이트한 스커트 밑단 처리를 위해 밑단, 옆선 교차점에서 적당량을 잘라내고 엉덩이둘레점에서 새로운 옆솔기선을 그려준다.

※ 모슬린을 합핀하여 다시 드레스폼에 올려 피팅감과 밸런스를 확인한다.

[옆솔기선이 없는 페그 스커트]

1) 모슬린 준비

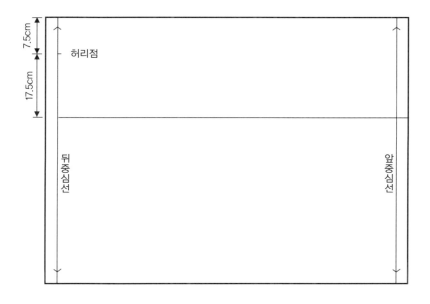

① 원하는 스커트 길이에 여유분 약 30cm를 더해 모슬린을 준비한다.

② 폭은 디자인에 따라 결정한다. 전체 폭을 다 사용할 수도 있다.

③ 왼쪽 가장자리에서 2.5cm 들여서 식서 방향으로 뒤중심선을 그린다. 허리점의 위치는 디자인에 따라 7.5~15cm까지 두고 결정한다. 엉덩이둘레선은 허리점에서 17.5cm 내려서 뒤중심선에 직각이 되도록 올실 푸서 방향으로 수평선을 그린다.

④ 앞중심선이 식서 방향인 스커트를 제작하기 위해서는 오른쪽 가장자리에서 2.5cm 들여서 식서 방향의 앞중심선을 그리면 된다. 나머지는 ③과 같다.

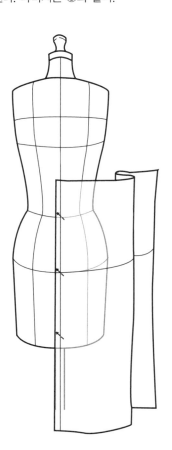

2) 드레이핑

① 모슬린의 뒤중심선을 드레스폼 뒤중심선에 맞추어 핀을 꽂는다. 또는 모슬린의 오른쪽 가장자리에 앞중심선을 두고 드레이핑을 시작할 수도 있다. 여기서는 뒤중심선부터 드레이핑한다.

② 나머지 모슬린을 드레스폼의 오른쪽 옆솔기를 지나 앞중심선 쪽으로 보내며 스커트의 볼륨감, 즉 실루엣을 가늠한다.

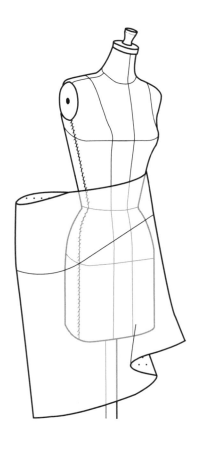

③ 스커트의 허리 부위 디자인에 따른 폭을 확인하면서 허리둘레선 부위의 위치를 조정한다. 그다음, 모슬린의 전체 실루엣을 결정하여 스커트 폭의 분량을 결정한다. 이때 앞·옆·뒤의 실루엣과 볼륨감을 계속 확인하며 전체 실루엣이 자연스럽도록 드레이핑한다.

④ 모슬린의 오른쪽 부분을 앞중심의 허리둘레선 위쪽으로 가져가서 원하는 형태를 만들어가면서 드레스폼 앞중심선의 허리둘레점부터 토르소 라인까지 핀을 꽂아 고정한다. 이때 정해진 앞중심선은 스커트의 폭이나 디자인에 따라 바이어스 방향의 다양한 각도가 형성된다.

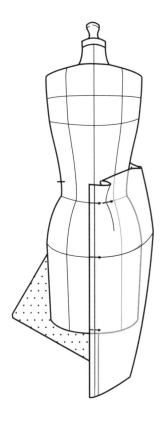

⑤ 먼저 뒤판 허리둘레선을 정리하기 위해 필요한 부위에 허리다트를 잡아줄 수 있다. 이때 다트의 분량은 디자인에 따라 턱이나 개더링으로 처리할 수 있다.

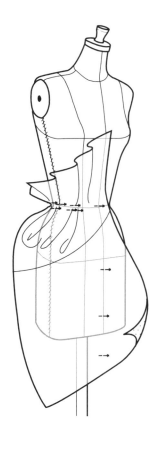

⑥ 다시 앞 허리둘레선을 정하기 위해 앞판 허리둘레선에 남아 있는 여유 분량을 가지고 다트, 턱, 개더링 등 원하는 디테일을 만든다. 이때 엉덩이둘레 부위에 원하는 만큼의 볼륨감이 생기도록 만들어준다.

⑦ 결정된 허리둘레선의 디테일을 조정하여 스커트 앞·옆·뒤 전체 실루엣을 다시 한 번 확인한다.

⑧ 헴라인을 위해 직각자를 바닥에 직각이 되게 세우고 원하는 길이에 맞추어 모슬린에 3cm 간격으로 돌려서 움직이며 핀으로 표시한다.

3) 마킹 및 완성선 정리

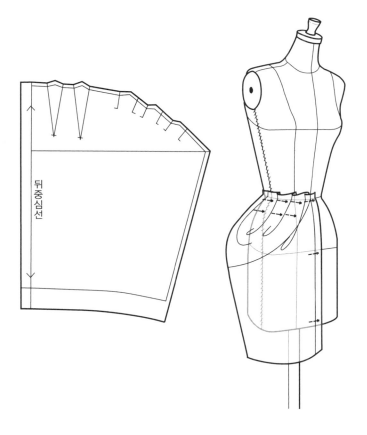

① 허리둘레선에 점표시하고, 앞중심 교차점과 다트 교차점에 십자표시를 한다. 앞중심선과 헴라인 교차점에 십자표시를 한다.

② 뒤판 다트 교차점에 십자표시하고, 다트에 점표시를 한다.

③ 모슬린을 드레스폼에서 떼어낸 후 모든 점표시와 십자표시를 연결하여 완성선을 그린다. 시접은 남기고 나머지는 잘라낸다.

④ 헴라인의 시접은 완성선이 오목한 형태가 되므로 안단을 대어 처리해야 한다. 따라서 시접은 1.3cm만 남기고 중심선에서 시작하여 단 부분의 올실 방향과 같은 6cm 폭의 안단을 헴라인대로 복사하여 단 부분에서 시접을 잘라내어 정리한다.

※ 모슬린을 합핀하여 드레스폼에 올려 피팅감과 밸런스를 확인한다.

3. 6쪽 고어드스커트

고어드스커트는 균등한 면적 또는 차등한 면적으로 나누어지는 수직 라인의 솔기를 지니고 있다. 허리 부위는 타이트하며 헴라인 쪽으로 갈수록 플레어가 되는 실루엣으로 플레어 폭이 넓어지는 위치, 첨가되는 플레어 폭의 양 또는 장식적인 디테일에 따라 다양한 느낌을 줄 수 있다. 본 장에서는 6개의 패널로 이루어져 있는 6쪽 고어드스커트를 드레이핑한다.

1) 모슬린 준비

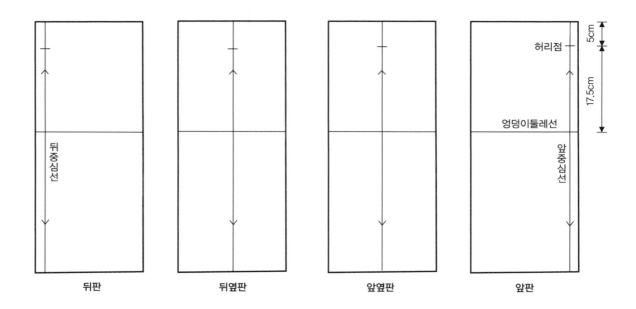

뒤판   뒤옆판   앞옆판   앞판

① 앞·뒤판의 폭은 스커트의 엉덩이둘레선을 기준으로 하여 앞·뒤판 폭에 각각 10cm를 더한다.

② 앞옆판과 뒤옆판의 폭은 앞옆·뒤옆판 폭의 2배 정도에서 5cm 정도의 여유를 더한다.

③ 모든 패널의 길이는 원하는 스커트 길이에서 10cm를 더해서 준비한다.

④ 앞판은 오른쪽 가장자리에서, 뒤판은 왼쪽 가장자리에서 2.5cm 들여서 앞·뒤 중심선을 그린다. 앞옆판, 뒤옆판은 전체 폭의 1/2 지점에 수직 안내선을 그린다.

⑤ 준비한 4장의 패널 모두 윗가장자리에서 5cm 내려 허리점을 표시하고 다시 17.5cm 내려 엉덩이둘레선을 그린다.

2) 앞판 드레이핑

① 스커트의 전체 폭에서 여섯 패널의 스커트가 나누어지므로 이에 맞게 고어 드되는 디자인 라인을 나누어 앞뒤 드레스폼 위에 그 위치를 테이핑해준다.

② 패널의 앞중심선을 드레스폼의 중심선에 맞추고 엉덩이둘레선도 맞추어 핀 을 꽃는다.

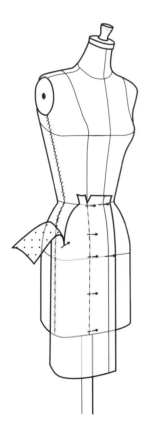

③ 앞판의 고어드 라인을 따라 허리둘레선과 엉덩이둘레선이 교차되는 지점에 핀을 꽃는다.

④ 허리둘레선 가장자리에서 고어드가 시작되는 지점을 향해 허리둘레선까지 모슬린에 수직으로 가윗밥을 내고 허리 부위를 편안하게 정리한다.

⑤ 고어드 라인을 따라 스커트 밑단까지 핀을 꽃는다. 여유분은 디자인 및 소재 에 따라 엉덩이 부위에 약 0.6cm 넣고, 고어드 디자인 라인 바깥쪽, 옆솔기 쪽에 시접 분량을 넉넉히 남기고 모슬린을 잘라낸다.

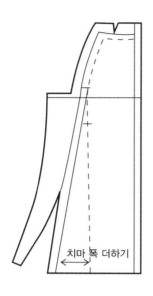

치마 폭 더하기

3) 마킹 및 완성선 정리

① 허리둘레선은 점표시하고, 교차점에는 십자표시를 한다.

② 고어드 라인에는 점표시하고, 고어드가 시작되는 지점에 노치표시를 한다. 엉덩이둘레선과 고어드 라인의 교차점에서 3cm 떨어진 곳에 노치표시를 한다.

③ 밑단에서 디자인에 따라 플레어의 양을 원하는 만큼 더해준다. 스커트의 길이나 스타일에 따라 보통 약 2.5~5cm를 더해준다. 이때 추가된 플레어의 양은 고어드가 시작되는 점으로 연결하여 자연스럽게 정리한다.

④ 시접은 넉넉히 약 2.5cm 더하고 모슬린을 잘라낸다.

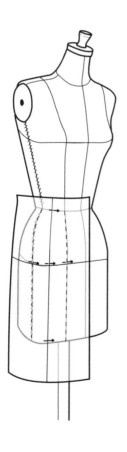

4) 앞옆판 드레이핑

① 모슬린 앞옆판의 수직선을 드레스폼의 드레이핑 하고자 하는 면적의 가운데 부위에 올려 수직 안내선이 바닥과 직각이 되도록 한다. 수직 안내선을 따라 핀을 꽂는다.

② 엉덩이둘레선을 따라 수평선을 맞추면서 핀을 꽂는다.

③ 모슬린 가장자리 위에서 허리둘레선까지 수직으로 가윗밥을 내고 허리둘레선을 잘 다스려낸다.

④ 앞중심 쪽의 디자인 라인을 정리하기 위해 고어드 디자인 라인을 따라서 모슬린을 다듬고 핀을 꽂아 고어드 시작점의 위치를 정하고, 노치표시한다. 약 2.5cm의 여유분을 남기고 필요 없는 모슬린을 잘라낸다.

⑤ 옆솔기쪽 디자인 라인 고어드 시작점에 핀을 꽂고 모슬린을 잘 다듬어 옆솔기선을 따라 핀을 꽂는다.

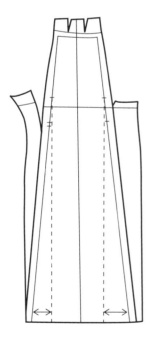

5) 마킹 및 완성선 정리

① 허리둘레선에 점표시를 하고 교차점 십자표시를 한다.

② 고어드 디자인 라인에 점표시를 하고 엉덩이둘레선과 교차점 밑에서 3cm 떨어진 곳에 노치표시를 한다.

③ 옆솔기 고어드 디자인 라인인 고어드 시작점 노치표시한다. 엉덩이둘레선 교차점 밑 3cm에 더블노치를 한다.

④ 모슬린을 보디에서 떼어내고 점표시와 십자표시를 연결하여 실선을 그려준다.

⑤ 스커트 기장의 밑단에 원하는 만큼(앞판에 썼던 분량만큼)의 플레어를 더해준다. 추가된 플레어의 양은 디자인 라인과 옆솔기 디자인 라인에 각각 첨가하여 연결시키고 자연스러운 고어드 라인으로 정리한다.

⑥ 시접은 넉넉히 2.5cm 남기고 모슬린을 잘라낸다.

6) 뒤판 드레이핑

① 모슬린의 뒤중심을 보디의 뒤중심선에 맞추어 핀을 꽂는다.

② 엉덩이둘레선을 따라 핀을 꽂는다.

③ 고어드 디자인 라인이 시작되는 라인을 따라 허리둘레선과 엉덩이둘레선과
의 교차되는 지점에 핀을 꽂는다.

④ 뒤판의 허리둘레선을 드레이핑하기 위해 모슬린 가장자리 위에서 허리선까
지 가윗밥을 낸다.

⑤ 허리둘레선을 따라 모슬린을 편안하게 정리하고 고어드 디자인 라인을 따라
헴라인 쪽으로 핀을 꽂아 내려온다.

⑥ 고어드가 시작되는 지점을 기준으로 엉덩이 부위에 여유분을 약 0.6~1.0cm
넣어주고 고어드 디자인 바깥쪽으로 시접 분량을 넉넉히 남기고 모슬린을
잘라낸다.

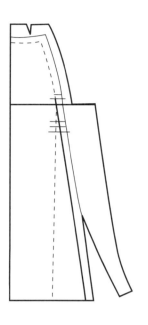

7) 마킹 및 완성선 정리

① 허리둘레선 표시점 및 교차점 십자표시를 한다.

② 디자인 라인 표시점과 고어드 시작되는 점 더블노치표시를 한다. 엉덩이둘레선 밑 3cm에 노치를 3개 표시한다.

③ 드레이핑한 모슬린을 보디에서 떼어낸다.

④ 스커트 기장의 밑단에서 원하는 만큼 플레어의 양을 더해준다(이 분량은 보통 앞판에 더해진 플레어의 분량보다 적다.).

⑤ 디자인 라인을 따라 자연스럽게 라인을 정리한다.

⑥ 시접은 넉넉히 약 2.5cm 남기고 모슬린을 잘라낸다.

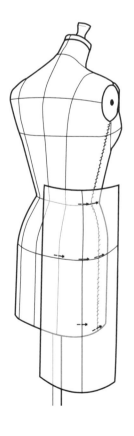

8) 뒤옆판 드레이핑

① 모슬린의 뒤옆판의 수직선이 드레이핑하고자 하는 면적의 중간 정도에 바닥하고 직각이 되도록 세운다.

② 수직 안내선을 따라 핀을 꽂는다.

③ 엉덩이둘레선을 보디의 엉덩이둘레선에 맞춘다. 엉덩이둘레선을 따라 좌우를 수평선을 맞추면서 핀을 꽂는다.

④ 허리둘레선을 찾기 위해 모슬린 가장자리 위에서 허리둘레선까지 가윗밥을 넣고 허리둘레선을 따라 핀을 꽂는다.

⑤ 모슬린을 잘 펴주면서 프린세스 솔기쪽의 디자인 라인과 옆솔기쪽 디자인 라인을 따라 핀을 꽂고 잘 다듬어 엉덩이둘레선 근처 고어드 시작되는 지점까지 시접분의 모슬린과 여유분을 남기고 필요 없는 모슬린은 잘라준다.

⑥ 필요시 옆솔기선에 있는 디자인 라인상에 0.6cm 정도의 여유분을 집어주고 옆솔기선에 핀을 꽂는다.

9) 마킹 및 완성선 정리

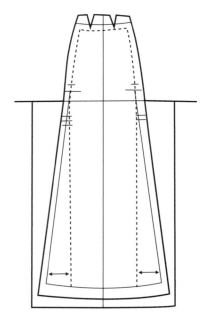

① 허리둘레선에 점표시하고, 교차점에 십자표시를 한다.

② 고어드 디자인 라인과 옆솔기 고어드 디자인 라인에 점표시하고 고어드 시작점에 더블노치표시한다.

③ 엉덩이둘레선 밑 3cm지점에 옆솔기 고어드 디자인 라인에 더블더치 복사하고 디자인 고어드 라인에 노치 3개 복사한다.

④ 모슬린을 보디에서 떼어낸 후 점표시와 십자표시를 연결하여 실선을 그려준다.

⑤ 스커트 기장의 밑단에 플레어 폭을 더해서 그려준다(이 분량은 뒤판에 준 분량과 같다.). 고어드되는 지점을 향해 자연스럽게 플레어 라인을 그려준다.

⑥ 시접을 넉넉히 약 2.5cm 남기고 모슬린을 잘라낸다.

⑦ 4개 패널의 디자인 라인의 밑단에서 중심선으로 향하여 직각되게 밑단을 곡선으로 다듬어주고 패널끼리 디자인 고어드 라인의 노치를 맞추어 길이를 정리한다.

⑧ 4개 패널의 헴라인을 정리하여 자연스럽게 연결해서 완성시키고 시접은 약 5cm 남기고 정리한다.

⑨ 각 패널의 노치표시를 확인하고 디자인 라인을 재점검하여 자연스럽게 조정하고 모든 시접을 1.3cm 남기고 정리한다.

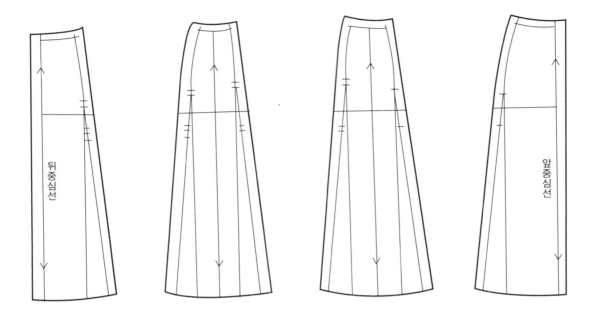

뒤중심선

앞중심선

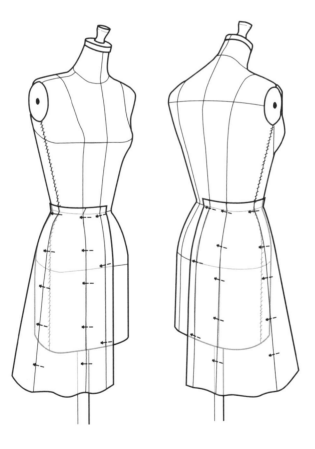

※ 패널 4개의 노치표시를 맞추어 합핀하여 연결하고,
다시 드레스폼에 올려 피팅감과 밸런스를 확인한다.

4. 던들 스커트

던들 스커트는 허리둘레선에서 주름 잡힌 분량이 스커트단까지 그대로 균등하게 그 폭을 지닌 채(또는 조금 줄어들거나 조금 늘어나는) 볼륨감이 형성되는 실루엣으로 폭이 넓은 개더 스커트를 의미한다.

1) 모슬린 준비

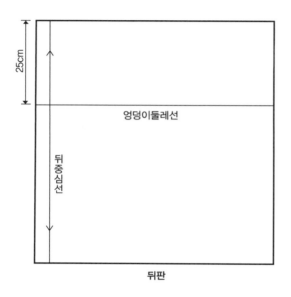

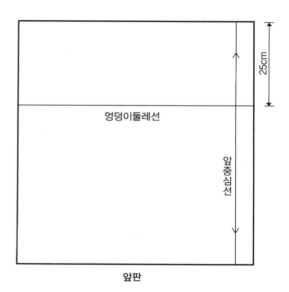

① 스커트의 폭을 결정하고 여기에 약 10cm의 길이를 더한다.

② 스커트의 기장을 결정하고 약 10cm의 길이를 각각 더하여 앞·뒤판 모슬린을 준비한다.

③ 앞판 오른쪽 가장자리에서 2.5cm 들여서 앞중심선을 그리고 위가장자리에서 25cm 내려와서 엉덩이둘레선을 그린다.

④ 뒤판 왼쪽 가장자리에서 2.5cm 들여서 뒤중심선을 그리고 위가장자리에서 25cm 내려와서 엉덩이둘레선을 그린다.

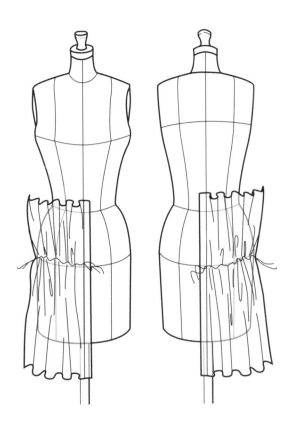

2) 드레이핑

① 앞·뒤판 모슬린의 엉덩이둘레선에 1cm 간격으로 2줄 박음질을 한다. 이때 오그림분을 만들 수 있도록 땀 수는 2.5mm 정도로 크게 하여 박음질한다.

② 실을 골고루 잡아당겨 풍성한 주름을 잡아준다.

③ 앞판 모슬린을 드레스폼 앞중심과 엉덩이둘레선에 맞추어 앞중심선에 핀을 꽂는다.

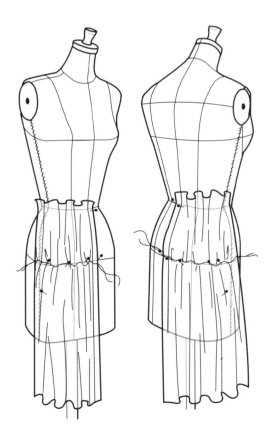

④ 주름이 잡힌 모슬린을 드레스폼에 그대로 올려 엉덩이둘레선이 수평을 유지하도록 옆솔기까지 두르며 핀으로 고정한다.

⑤ 뒤판도 같은 방법으로 드레이핑한다.

⑥ 모슬린의 주름 잡힌 수평 라인이 바닥과 평행이 되도록 하면서 주름 분량을 잘 조절한다.

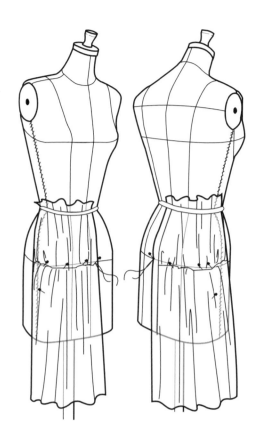

⑦ 허리둘레선에 신축성이 있는 끈을 묶어 주름을 원하는 형태로 조절한다.

⑧ 엉덩이둘레 및 허리둘레선의 주름이 원하는 형태대로 잘 조절되었다면 옆솔기선에서 두 패널을 모슬린끼리 합핀한다.

3) 마킹 및 완성선 정리

① 앞·뒤판 모두 허리둘레선에 점표시하고, 교차점에 십자표시를 한다.

※ 허리둘레는 주름의 분량 때문에 표시하기가 힘드므로 뾰족한 연필을 가지고 주름 속까지 흔적이 남도록 치밀하고 정확하게 표시해야 한다.

② 앞·뒤판 옆솔기선에 점표시하고, 교차점에 십자표시를 한다.

뒤판

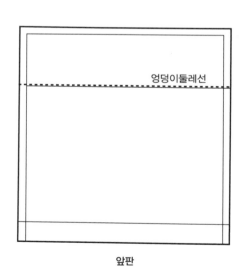

앞판

③ 드레스폼에서 모슬린을 떼어내어 주름 잡은 부분들을 다 풀고 평면으로 만든다.

④ 모든 점표시와 십자표시를 연결하여 완성선을 그리고, 시접을 2.5cm 남기고 나머지는 정리한다. 헴라인 시접은 5cm로 정리한다.

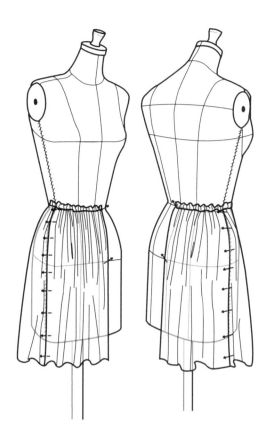

⑤ 앞·뒤판 옆솔기선을 합핀하여 고정한다.

⑥ 허리둘레선은 허리둘레 길이만큼 홈질하여 주름 잡아 허리에 맞게 조정한다.

※ 모슬린을 드레스폼에 다시 올려 피팅감과 밸런스를 확인한다.

COWL
VARIATIONS

CHAPTER 13
카울 디자인

1. 네크라인 카울　　　카울(cowl)은 중세 수도사가 착용했던 후드가 달린 망토에서 유래된 패션 아이템이다. 후드가 뒤쪽으로 늘어질 때 생기는 형태를 드레이핑 기법으로 표현할 수 있다. 본 장에서는 네크라인 카울과 언더 암 카울을 드레이핑하도록 한다.

네크라인 카울은 양쪽 어깨에 고정하고 앞 또는 뒤 네크라인에 드레이프가 부드럽게 생기는 형태이다. 일반적으로 얇고 부드러운 직물을 사용해야 카울을 효과적으로 표현할 수 있으므로, 이를 감안하여 모슬린의 두께를 결정해야 한다.

1) 모슬린 준비

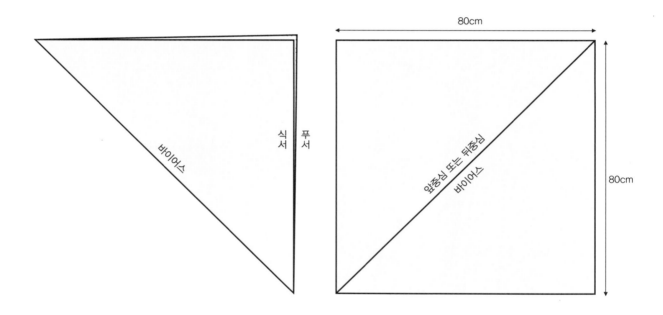

① 모슬린은 약 80cm의 정사각형으로 준비한다. 허리선에 절개선 없이 아래로 길게 연결되는 디자인일 경우에는 모슬린을 더 길게 준비한다.

② 정사각형 모슬린을 대각선으로 접은 후 펼친 다음, 접은 자국을 따라 바이어스선을 그린다.

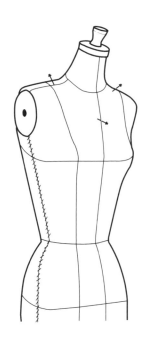

2) 드레이핑

① 원하는 목둘레선 깊이와 옆 목의 위치를 정해서 드레스폼에 그림과 같이 핀으로 그 위치를 표시한다.

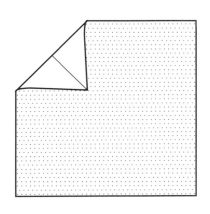

② 모슬린의 한쪽 모서리를 접어 제안단을 만든다. 이때 접은 분량은 네크라인의 깊이에 따라 달라지나, 접은 양쪽 가장자리가 옆 목에 닿을 수 있도록 충분히 접는다.

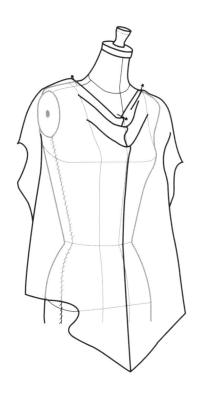

③ 모슬린의 바이어스선이 드레스폼의 앞중심에 맞도록 모슬린을 올려놓는다.

④ 앞중심의 핀 아래에 카울의 중심을 맞추고, 양쪽 어깨에 핀을 꽂는다. 이때 모슬린을 대칭으로 두고 아래로 부드럽게 밀어줄 수 있도록 한다.

※ 대칭의 디자인인 경우 양쪽을 드레이핑하되 마킹을 한쪽만 한 후 복사하여 사용하고, 비대칭의 디자인인 경우에는 디자인에 따라 자유롭게 드레이핑하고 모두 마킹하여 사용한다.

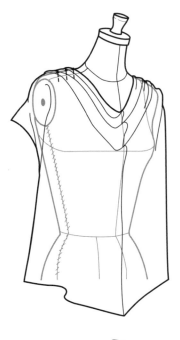

⑤ 어깨 위의 모슬린을 접어서 생기는 주름을 통해 추가적인 드레이프를 만든다.

⑥ 주름의 분량과 형태가 결정되면 어깨 부위에 핀을 꽂아 고정한다.

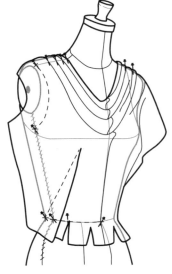

⑦ 허리둘레 부위는 디자인에 따라 다트나 개더를 넣어 드레이핑한다. 필요시 허리둘레선 가장자리에 가윗밥을 넣어 타이트하게 정리한다.

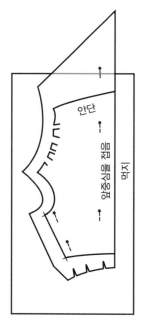

3) 마킹 및 완성선 정리

① 드레이핑된 카울의 오른쪽 부분에만 점표시와 십자표시를 한다.

② 어깨 부위의 고정된 핀을 그대로 둔 상태에서 모슬린을 드레스폼에서 떼어 낸다. 어깨 부위의 마킹을 따라 완성선을 정확하게 그려준다. 다트, 옆선 허리둘레선을 그린다.

③ 모슬린 오른쪽 부위의 완성선을 그린 후, 핀을 뽑아 바이어스선을 접어 평평하게 한 다음 먹지 위에 올려 한쪽 면을 트레이싱한다.

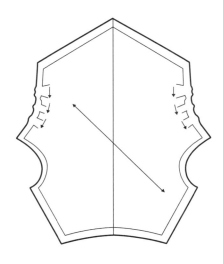

④ 목둘레선의 안단 시접은 약 10cm 남기고 암홀, 옆솔기, 허리둘레선 시접은
  약 1.3cm 남기고 잘라낸다.

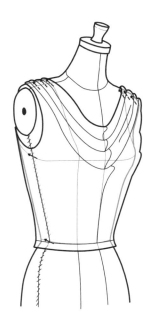

※ 모슬린을 드레스폼에 다시 올려 피팅감과 밸런스를 확인한다.

2. 언더 암 카울

언더 암 카울은 옆솔기 없이 겨드랑이 아래에서 앞·뒤판이 동시에 드레이핑되는 형태이다. 과장된 주름이 생길 경우 활동에 불편함을 줄 수 있으므로 얇고 부드러운 소재로 적당한 분량을 드레이핑해야 편안하게 활용될 수 있다.

1) 모슬린 준비

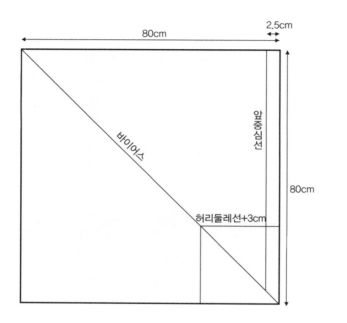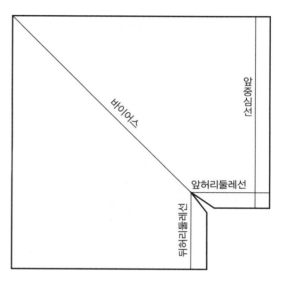

① 모슬린은 약 80cm의 정사각형으로 준비한다. 이때 앞중심에 절개 없이 디자인이 연결될 경우 모슬린을 추가하여 준비한다.

② 정사각형의 모슬린을 대각선으로 접은 후 펼친 다음 접은 자국을 따라 바이어스선을 그린다.

③ 모슬린 오른쪽 가장자리에서 2.5cm 들여서 앞중심선을 그린다.

④ 드레스폼의 허리둘레선 상에서 앞중심에서 옆솔기까지의 길이를 재고 여유분 7.5cm를 더하여 그림과 같이 그린다. 이때 허리둘레선의 위치는 디자인에 따라 달라질 수 있으므로 앞중심에서 옆솔기까지의 길이는 달라질 수 있다.

⑤ 작은 정사각형에 2.5cm 시접을 남기고 모슬린을 잘라낸다. 그림과 같이 바이어스선과 허리둘레선 교차점의 시접에 가윗밥을 넣는다.

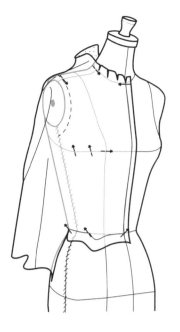

2) 드레이핑

① 바이어스선과 허리둘레선의 교차점을 드레스폼의 옆솔기와 허리둘레선 교차점에 맞추어놓고 핀을 꽂는다.

② 앞판 모슬린을 평평하게 올려 어깨를 향하여 옷감을 자연스럽게 쓸어올린다. 유두점에 핀을 꽂아 고정한다.

③ 모슬린의 앞중심선이 드레스폼의 앞중심과 맞도록 조절하면서 앞중심을 따라 핀을 꽂는다.

④ 앞목둘레선을 디자인에 따라 드레이핑하고 핀을 꽂아 고정한다.

⑤ 바이어스선과 허리둘레선의 교차점에서 뒤쪽의 허리둘레선을 따라 모슬린을 평평하게 정리하면서 허리둘레선에 핀을 꽂는다.

⑥ 모슬린을 등너비선까지 자연스럽게 쓸어올리고 등너비선을 따라 핀을 꽂는다.

⑦ 뒤중심선을 따라 핀을 꽂는다.

⑧ 뒤목둘레선을 디자인에 따라 드레이핑하고 앞·뒤판 어깨선을 따라 핀으로 연결한다.

⑨ 첫 번째 카울의 분량을 결정하여 원하는 분량의 카울을 접어서 어깨선쪽으로 자연스럽게 올려 어깨선에 핀을 꽂는다. 이때 뒤판도 앞판 어깨의 같은 지점에서 만나도록 카울을 접는다.

⑩ 이러한 과정을 반복하여 원하는 디자인을 완성한다.

⑪ 앞·뒤판 허리둘레선의 남는 분량은 접어 허리다트로 처리한다.

⑫ 안단을 위해 약 7.5cm의 시접을 남기고 나머지는 잘라낸다.

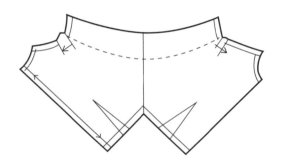

3) 마킹 및 완성선 정리

① 앞·뒤 목둘레선과 허리둘레선을 따라 점표시, 교차점에 십자 표시를 한다.

② 겨드랑이 및 카울의 앞·뒤판 모두 점표시, 교차점에 십자표시를 한다.

③ 모슬린을 드레스폼에서 떼어내어 완성선을 그린다.

④ 시접을 남기고 모슬린을 잘라낸다. 다른 한쪽 면에 오른쪽 카울의 선을 트레이스한다.

※ 모슬린을 드레스폼에 다시 올려 피팅감과 밸런스를 확인한다.

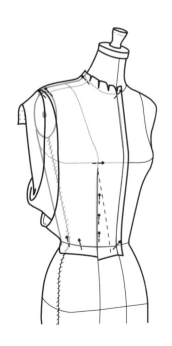

MEMO

REFERENCE
참고문헌

고이께이에 저·편집부 역, 입체재단, 유신문화사, 1991.

박선경, 패션아트 드레이핑, 서울: 국민대학교출판부, 2006.

송미령, 입체재단, 서울: 수학사, 1995.

정영자, 입체재단, 서울: 교학연구사, 1994.

진경옥, 패션 디자인 드레이핑, 서울: 교학연구사, 2002.

Amaden-Crawford & Connie, The Art of Fashion Draping(2nd Edition), Fairchild Books & Visuals, 1998.

Annette Duburg, Rixt van der Tol, Draping: Art and Craftsmanship in Fashion Design, Singapore: Basheer Graphic
Books, 2009.

Connie Amaden-Crawford, The Art of Fashion Draping, New York: Fairchild Pub, 1989.

Helen Joseph Armstrong, Patternmaking for Fashion Design, New York: Harper Collins Pub, 1987.

Hilde Jaffe, Nurie Relis, Draping for Fashion Design(4th edition), New Jersey: Pearson Prentice Hall, 2005.

Karolyn Kiisel, Draping the Complete Course, London: Laurence King, 2013.

Kopp, Ernestine, How to Draft Basic Patterns(4th Edition), Fairchild Fashion & Merchanidising Group, 1991.

저자 소개

박선경

국민대학교 조형대학 의상디자인학과 명예교수

권순교

호원대학교 문화산업대학 패션디자인전공 조교수

패션 아트 드레이핑

2017년 3월 2일 초판 인쇄 | 2017년 3월 6일 초판 발행

지은이 박선경 · 권순교 | **펴낸이** 류제동 | **펴낸곳 교문사**

편집부장 모은영 | **책임진행** 이정화 | **디자인** 신나리 | **본문편집** 우은영

제작 김선형 | **홍보** 이보람 | **영업** 이진석 · 정용섭 · 진경민 | **출력** 현대미디어 | **인쇄** 동화인쇄 | **제본** 한진제본

주소 (10881)경기도 파주시 문발로 116 | **전화** 031-955-6111 | **팩스** 031-955-0955

홈페이지 www.gyomoon.com | **E-mail** genie@gyomoon.com

등록 1960. 10. 28. 제406-2006-000035호

ISBN 978-89-363-1629-7(93590) | **값** 17,500원